CONFÉRENCES INDUSTRIELLES

DE LA SOCIÉTÉ

DES SCIENCES

PHYSIQUES ET NATURELLES

.DE BORDEAUX

LE PROBLÈME DE L'AZOTE

PARIS

GAUTHIER-VILLARS, IMPRIMEUR-LIBRAIRE

DE L'ÉCOLE POLYTECHNIQUE, DU BUREAU DES LONGITUDES

Quai des Augustins, 55

A BORDEAUX

CHEZ FERET & FILS, LIBRAIRES

9, rue de Grassi, 9

1918

CONFÉRENCES INDUSTRIELLES

DE LA
SOCIÉTÉ DES SCIENCES PHYSIQUES ET NATURELLES
DE BORDEAUX

SÉANCE D'INAUGURATION
16 février 1918.

Discours de M. Henry LOISELEUR
Président de la Société.

Messieurs,

La guerre qui en ce moment trouble le monde entier et qui, dans notre beau pays de France, aura fait tant de ravages et semé tant de deuils, aura eu toutefois cet avantage de tirer notre industrie de la sorte de somnolence où elle se complaisait depuis près d'un demi-siècle.

Depuis plus de vingt ans, nous nous sommes laissé distancer dans toutes les branches de l'activité humaine par certaines nations rivales et plus particulièrement par l'Allemagne. En 1891, notre commerce extérieur s'élevait à 8,338 millions de francs, celui de l'Allemagne à 9,157 millions. Le chiffre d'affaires des deux pays, à cette époque, était donc à peu près le même. Vingt ans plus tard, voici les chiffres : alors que le commerce français est de 14,300 millions, le commerce allemand atteint 22,300 millions, c'est-à-dire presque le double du nôtre.

C'est que, pendant cette période, l'Allemagne a su merveilleusement tirer parti, tant en agriculture que pour son industrie naissante, de toutes les découvertes et de tous les progrès réalisés par la science. Le plus souvent, c'est à une découverte française que l'industrie nouvelle doit son essor. C'est ainsi que l'industrie chimique, qui fait vivre actuellement en Allemagne plus de 10,000 usines dont certaines, comme la Badische Anilin, sont à un capital d'une centaine de millions, a été fondée à l'origine pour exploiter la découverte d'un savant lyonnais, M. Verguin, qui avait trouvé le moyen d'extraire du goudron les couleurs d'aniline. Et comme la fabrication des matières colorantes se rattache étroitement à celle des explosifs et des gaz asphyxiants, l'Alle-

magne, en développant cette industrie dont l'objet paraissait si pacifi-
que, s'est outillée du même coup merveilleusement pour la guerre
qu'elle n'aurait peut-être pas osé déclarer sans cela.

Mieux que personne, Messieurs, vous connaissez l'effort immense
que notre pays a dû faire pour alimenter notre armée de la prodigieuse
quantité d'explosifs et de projectiles que réclame la guerre moderne.
Et malgré tout, ce n'est plus un secret, en raison de notre insuffisance
d'outillage, nous aurions manqué de l'acide nitrique nécessaire à leur
fabrication, sans l'Angleterre, qui nous a rendu ainsi un inoubliable
service.

Cet effort, la France devra le continuer et l'intensifier après la guerre ;
et pour cela elle devra adopter certaines méthodes qui, tant en agriculture que dans l'industrie, ont assuré à l'Allemagne sa suprématie.
— Parmi les facteurs qui ont contribué à l'étonnant succès de la fabrication chimique allemande et à l'essor de toutes ses usines métallur-
giques et autres, citons la collaboration étroite de la science pure et
de l'industrie. — Entre les professeurs des Universités, entre les repré-
sentants de la science pure et les industriels, il existe, en Allemagne,
des relations étroites et suivies et un échange de communications
théoriques et pratiques, pour le plus grand profit des uns comme des
autres. — Comme l'écrivait Haller, dans son rapport sur l'exposition
de Chicago, en 1893, « le développement progressif de l'industrie suit
parallèlement celui de la science elle même et les nations où la production intellectuelle est la plus intense, la mieux utilisée, sont celles
qui finissent par avoir la suprématie au point de vue industriel ».

C'est pour créer ces relations, ces échanges de communications,
cette atmosphère de sympathie que la Société des Sciences physiques
et naturelles vous a conviés, Messieurs, à vous réunir ce soir dans
cette enceinte.

Absorbés que vous êtes par vos occupations professionnelles, par le
soin des affaires, par la bonne marche de l'industrie qui vous est con-
fiée, il vous est pratiquement impossible de compulser tous les travaux
scientifiques ou techniques qui paraissent en France ou à l'étranger.
Et cependant vous y trouveriez certainement des théories ou des idées
nouvelles pouvant entraîner d'heureuses transformations dans vos
méthodes de fabrication, ainsi que dans la nature et la qualité des
produits qui en résultent. — Qui se serait douté, il y a quelques années
seulement, des conséquences que pourraient avoir, sur la métallurgie

du fer, les belles recherches de M. Osmond ? Qui aurait pu prévoir l'influence, sur le développement de la synthèse des matières colorantes, de la théorie de l'hexagone en chimie organique ?

Dans toutes les grandes usines allemandes sont établies des bibliothèques où sont reçus les livres, les revues et les journaux de tous les pays, qui ont trait à l'industrie correspondante. Des bibliothécaires sont chargés de dépouiller cette littérature spéciale et de communiquer, à chaque service, les ouvrages, articles ou renseignements pouvant l'intéresser. Ils font ainsi bénéficier leur industrie de tous les perfectionnements dont elle est momentanément susceptible. — A défaut d'une pareille organisation dans nos usines, c'est ce rôle de bibliothécaires que les membres de la Société des Sciences physiques et naturelles de Bordeaux s'offrent de remplir près de vous et ils vous proposent, dans des causeries comme celles d'aujourd'hui, de vous mettre au courant du résultat de leurs recherches.

Ils essaieront, sinon de vous exposer d'une façon complète, ce qui exigerait trop de temps, du moins de vous tenir au courant de toutes les théories scientifiques nouvelles qui, dans le grand mouvement intellectuel, si caractéristique de notre époque, sont de nature à inspirer les techniciens et à faire varier leurs méthodes.

En retour, ils vous demanderont, pour que la collaboration entre eux et vous soit aussi complète que possible, de bien vouloir leur faire part des réflexions que leurs théories pourront vous inspirer, de les mettre au courant de certaines techniques spéciales et de leur faire connaître les sujets d'étude qui sont de nature à vous intéresser plus particulièrement. C'est à ceux qui, comme vous, vivent au contact permanent des réalités qu'il convient d'indiquer aux chercheurs les besoins de l'industrie ou de l'agriculture et les perfectionnements qui s'imposent.

Parmi les problèmes de l'heure actuelle le problème de l'azote est un de ceux qui méritent le plus de retenir notre attention. Jusqu'à ces dernières années la presque totalité des nitrates indispensables à l'agriculture et à l'industrie étaient tirés des gisements du Chili. — Mais, si riches soient-ils, ces gisements ne seront pas indéfinis; déjà le gouvernement chilien, à la suite d'une enquête, prévoyait pour 1913 la date de leur épuisement; ultérieurement, à la suite de nouvelles découvertes, il la reportait à l'année 1940; elle serait à l'heure actuelle plus éloignée encore. Mais si on tient compte de la formidable consommation qu'en fait la guerre actuelle, si on tient compte que la « faim d'azote » va, dans le monde, tous les jours en augmentant, on conçoit que cette limite menace d'être atteinte avant la fin du siècle présent.

En Angleterre, ce fut William Crookes qui le premier poussa le cri d'alarme. Il n'hésita pas à déclarer que si la science n'arrivait pas à fabriquer les nitrates artificiellement, en utilisant l'immense réserve d'azote contenue dans l'air atmosphérique, nos races occidentales étaient menacées de mourir de faim. — C'est sous l'influence du mouvement d'idées qui en résulta, et grâce aux progrès de la technique électrique, qu'une société française put réaliser, en Norvège, la fabrication en grand du nitrate de chaux et de l'acide azotique par combinaison de l'azote et de l'oxygène de l'air dans le four électrique.

Depuis, les procédés de fixation de l'azote se sont multipliés. C'est leur étude qui fera l'objet de nos trois premières causeries.

C'est sur la demande de notre sympathique et actif vice-président, M. Douilhet, qui lui-même n'était que le porte-parole d'un groupe d'ingénieurs, que notre Société s'est décidée à instituer ces causeries. Nous serions heureux de les voir aboutir à des résultats pratiques.

Pour commencer, M. Dubourg va vous exposer ce soir la fabrication intensive des nitrates par les méthodes biochimiques.

Avant de lui donner la parole, je tiens à vous dire que la Société des Sciences physiques et naturelles s'est efforcée de répandre très largement ses invitations dans le monde industriel de notre ville. Mais il est bien évident que, malgré sa bonne volonté, beaucoup d'oublis auront pu se produire. Aussi, nous prions nos auditeurs de bien vouloir nous indiquer, pour nos prochaines réunions, les noms de ceux de leurs confrères qu'elles pourraient intéresser.

Pour rendre ces réunions plus intimes, la Société, Messieurs, eût été désireuse de vous recevoir dans la salle où elle tient ses séances ordinaires, mais, en raison de son exiguïté, et pensant (je suis heureux de constater qu'elle ne s'est pas trompée) que vous répondriez en nombre à son invitation, elle a dû faire choix de cet amphithéâtre qui, quoique plus solennel, n'en sera pas moins hospitalier.

Je ne veux pas terminer sans remercier M. le recteur Thamin, président du Conseil de l'Université, d'avoir bien voulu honorer de sa présence notre première réunion.

La fabrication intensive
des nitrates par les méthodes biochimiques.

Par M. E. DUBOURG.

Comme vient de vous le dire notre distingué président, le problème de l'azote est de grande actualité; mais ce n'est pas seulement au point de vue de l'utilisation de l'acide nitrique pour la fabrication des explosifs.

A côté des besoins de la guerre, il en est d'autres : ce sont les besoins de la terre. Il va devenir nécessaire de se préoccuper de l'utilisation des nitrates comme engrais beaucoup plus qu'on ne l'a fait déjà. On devra s'efforcer d'abandonner les vieilles routines, afin de tirer du sol un maximum de rendement. Comme on l'a dit, l'agriculture devra s'industrialiser, ou elle ne sera pas.

C'est cette considération qui me vaut l'honneur d'inaugurer les conférences de notre Société.

Après vous avoir montré le mécanisme de la nitrification dans le sol, j'aborderai les principales applications de ce phénomène biochimique. Nous nous acheminerons ainsi, peu à peu, vers l'étude de l'un des moyens pouvant être préconisés pour la fabrication intensive des nitrates.

Tout d'abord, quelques notions préliminaires au sujet du monde microbien :

Le sol est le réservoir de tous les microbes, il en contient environ de quatre à cinq cent mille par centimètre cube de terre à la surface, suivant la nature du sol, quelquefois deux ou trois fois plus; deux cent mille environ à 1 mètre de profondeur; cent vingt mille à 2 mètres et deux à trois cents seulement à 3 mètres. La diminution qui se produit a deux causes : la première provient de ce que les microbes adhèrent fortement aux particules de terre et sont retenus par elle; la seconde s'explique parce que l'aliment fait de plus en plus défaut aux microbes à mesure qu'ils descendent en profondeur.

Parmi ces microbes, les uns sont des aérobies qui ont besoin d'oxygène libre pour vivre; d'autres sont semi-anaérobies : ils peuvent vivre indifféremment en la présence ou en l'absence d'oxygène libre; enfin, il y a des anaérobies stricts ne se développant qu'en l'absence d'oxygène libre. Pour quelques-uns, ce gaz, à l'état libre, est toxique.

Chacune des espèces microbiennes joue un rôle déterminé dans le sol ; nous n'avons à retenir ici que ceux qui transforment la matière azotée existant à la surface ou dans les profondeurs du sol, avec deux origines différentes : les débris et résidus végétaux, qui forment ce qu'on appelle la couverture, et les cadavres des animaux.

Et la disparition finale de toutes ces matières et leur transformation en matière minérale est due au monde microbien ; si bien que Pasteur a pu dire : sans les microorganismes, la surface de la terre serait devenue inhabitable après un très petit nombre d'années.

Tout d'abord, ces résidus sont la proie d'animaux divers, mais ce sont surtout les vers de terre qui préparent l'alimentation des microbes. Ces derniers interviennent enfin et assurent ce qu'on a appelé le cycle de l'azote, qu'éclaire le tableau suivant :

1° N organique (résidus végétaux et animaux) ;
2° N ammoniacal (NH^3) (acides aminés intermédiaires) ;
3° N nitreux ($NH^3 + 3O = NO^2H + H^2O$) ;
4° N nitrique ($NO^2H + O = NO^3H$) ;
5° N organique (retour).

L'azote nitrique revient à l'azote organique grâce à son assimilation par les plantes qui le ramènent au degré initial d'organisation.

On trouve dans le sol, en effet, des microbes transformant l'azote organique en azote ammoniacal ; ce sont en général des anaérobies. L'anaérobiose est établie par des microbes aérobies voisins qui absorbent l'oxygène libre qui leur est nécessaire.

Dans le sol aussi se rencontrent les deux ferments nitrificateurs : les premiers font de l'azote nitreux avec l'ammoniaque, les seconds minéralisent enfin l'azote nitreux en le transformant en azote nitrique.

Et les équations du tableau ci-dessus montrent que le développement de ces deux dernières espèces exige la présence d'oxygène libre. — Ils sont donc essentiellement aérobies.

Les premiers, en 1884, Schlœsing et Muntz eurent l'honneur d'établir que la présence normale et constante des nitrates dans le sol était due à un phénomène biochimique.

Qu'importe qu'il n'aient pas réussi à isoler les microbes nitrificateurs (ce fut l'œuvre d'un savant russe, Winogradsky), leur découverte n'en demeure pas moins mémorable.

Leurs expériences démontrèrent la présence nécessaire, d'abord, de microorganismes *spéciaux*, celle de l'air, d'une base (soude, potasse ou chaux), de l'humidité et enfin de l'ammoniaque.

Bien entendu, les bases, sous forme de carbonates, surtout.

En fait, les sols sont suffisamment humides et à part de bien rares exceptions, ils ne sont pas acides.

En ce qui concerne l'ammoniaque, nous avons vu tout à l'heure que l'azote organique du sol devient de l'ammoniaque sous l'influence de certains microbes.

Quant à l'aération du sol, on l'obtient au moyen des labours ; mais il est un ouvrier qui favorise considérablement cette aération : c'est le ver de terre.

Le lombric se nourrit des feuilles tombées sur le sol ; pendant la nuit, il vient faire sa récolte qu'il entraîne dans sa galerie souterraine. Ces galeries représentent des espaces relativement considérables où l'air circule à des profondeurs pouvant atteindre et dépasser 2 mètres, ce qui explique, soit dit en passant, la nitrification assez avant dans le sol.

Il résulte de certaines expériences qu'en six semaines un sol arable a vu son volume s'accroître de plus de 27 p. 100 sous l'influence des vers de terre.

J'ai été moi-même témoin d'un phénomène intéressant. Je me trouvais au bord de la Garonne, au début d'une inondation ; au moment où l'eau arrivait, j'aperçus dans un champ non cultivé à ce moment-là un bouillonnement comparable à celui que l'on pourrait observer dans un chaudron plein d'eau chauffé à grand feu. C'était évidemment de l'air chassé par l'eau. Et deux ou trois jours après, lorsque le fleuve fut rentré dans son lit, je constatai dans ce même champ la présence de plusieurs centaines de cadavres de lombrics de la grosseur du petit doigt et d'une longueur de 20 à 30 centimètres.

Ce sont les vers de terre qui remplissent dans la forêt le rôle de la charrue et de la herse.

Grâce à eux, les ferments nitrificateurs trouvent l'oxygène nécessaire à leur développement.

Mais je vous ai déjà laissé entrevoir que là ne se borne pas le rôle bienfaisant des vers de terre.

Ces feuilles dont il se nourrit, il les attaque avec ses sucs digestifs et rejette ensuite toute la partie digérée mais non assimilée, qui deviendra une proie plus facile pour les microbes. Et il en est de même pour les cadavres des animaux.

Avec trente vers par mètre cube, on a vu qu'ils avaient consommé 8 grammes environ de feuilles en dix mois. En admettant trois cent mille vers à l'hectare, ce qui n'est pas excessif, on arrive à une consommation de plus de 200 kilogrammes par an. Il faudrait ajouter aux lombrics le nombre incalculable de petits vers, larves, etc.

On voit donc le double rôle de ces ouvriers souterrains : aération du sol et préparation de l'aliment pour les microbes qui vont transformer l'azote organique en ammoniaque d'abord, puis enfin en azote nitrique, à travers les phases successives que je viens de retracer devant vous en raccourci. Toutefois, les microbes n'ont pas un besoin absolu des vers de terre ; le meilleur témoignage est celui du fumier ; à eux seuls ils consommeraient toute la masse si on leur en laissait le temps. Mais les vers de terre accélèrent considérablement le travail microbien.

Quant à l'intensité de la nitrification dans le sol, suivant la nature des terres, la température, l'humidité, on obtient de 40 à 60 milligrammes d'azote nitrique par kilogramme de terre. En tenant compte de la profondeur moyenne du sol où se produit le phénomène, on a calculé qu'il se forme, en moyenne, annuellement 40 kilogrammes d'azote nitrique par hectare, soit environ 65 kilogrammes de nitrate de chaux.

Ces nitrates entraînés par les eaux de pluie descendraient dans les profondeurs du sol, si ce dernier n'était pas couvert de récoltes capables de s'en nourrir au fur et à mesure de leur production. Et néanmoins une certaine quantité se rend aux sources et de là est déversée, comme nous le verrons, dans les cours d'eau qui charrient les nitrates à la mer.

Le problème agricole de l'utilisation des nitrates a été résolu par de multiples expériences échelonnées sur un très grand nombre d'années. En voici une, entre plusieurs milliers, due à Boussingault :

RÉCOLTE DE GRAINES :

Sans engrais	111 grammes.
Avec (PO⁴)²Ca³ et KCl (¹) . . .	225
Avec NO³Na (²)	1,777

(¹) Phosphate de chaux et chlorure de potassium.
(²) Nitrate de soude.

Ces chiffres se passent de commentaires.

Si la quantité de nitrates formés dans le sol peut suffire à la rigueur, puisque de nombreux Algériens ne reçoivent jamais d'engrais, on obtient, en culture, des rendements beaucoup plus élevés lorsqu'on incorpore des nitrates au sol. Aussi, peu à peu, cette pratique s'est généralisée, mais peut-être pas autant qu'il serait désirable.

En 1913, il a été importé en France environ 300,000 tonnes de nitrates du Chili, dont 1/5 seulement servait à la fabrication des explosifs. La même année, l'Allemagne en recevait plus de 700,000 tonnes. Il y a apparence qu'elle en utilisait plus du 1/5 pour ses explosifs.

C'est en vue de remédier à cette importation que le problème de l'azote est devenu d'actualité. Muntz déjà, en 1908, prévoyait le cas d'une guerre pendant laquelle la France verrait ses communications maritimes intercompues. Il décrivait alors sa méthode de fabrication intensive des nitrates, que je vous exposerai dans un instant. Ni l'industrie ni l'administration de la Guerre n'ont songé à ébaucher même un essai.

Mais toutes ces méthodes préconisées, celle de Muntz et les autres, deviendraient superflues, au point de vue agricole tout au moins, si l'on pouvait réussir à capter les nitrates que charrient nos cours d'eau.

On a trouvé par mètre cube d'eau de 5 à 8 grammes de nitrates dans la Seine, à Paris, même chiffre dans le Rhône, à Lyon. Avec le débit de nos cours d'eau, il n'est pas téméraire d'admettre, en France 1 million de tonnes jetées annuellement dans la mer.

Ces nitrates proviennent des sources, des eaux de ruissellement et des eaux d'égout des villes riveraines.

A Paris, M. Schloesing avait calculé, il y a plus de trente ans, que plus de 10,000 tonnes de nitrates étaient perdues, chaque année, pour une population de 2 millions d'habitants.

Aussi, la ville de Paris a-t-elle essayé l'utilisation d'une faible partie de ses eaux résiduaires, par la méthode à d'épandage agricole, dans la presqu'île de Gennevilliers.

On fait arriver l'eau d'égout en quantités telles, qu'on évite une irrigation continue qui chasserait l'air du sol.

Il faut que les éléments de ce sol retiennent l'eau qui les baigne pendant que l'air y circule. La nitrification s'opère mal dans les terres trop fines ou trop compactes.

Le traitement par cette méthode nécessite une dépense annuelle de 2 francs par habitant, y compris l'amortissement des frais de premier établissement.

Je n'ai pas besoin de dire que dans ces terrains on obtient des cultures à rendements très intensifs.

On a calculé récemment que si tout Paris était doté du tout-à-l'égout, on éviterait d'envoyer en Seine l'engrais de plus de 200,000 hectares.

Or, Paris n'exploite que 5 à 6,000 hectares.

Il faudrait ajouter la banlieue parisienne, qui produit aussi un volume considérable d'eaux résiduaires, atteignant plus de 100 millions de mètres cubes par an.

La méthode à l'épandage répondrait au côté hygiénique du problème, comme au côté agricole, si elle pouvait être appliquée dans des conditions pratiques.

C'est rarement le cas.

Il faut, en effet, avoir à sa disposition des surfaces de terrain considérables, des sols suffisamment perméables pour permettre aux phénomènes d'oxydation de se produire; des sols qui ne soient pas fissurés, ni d'une perméabilité trop accentuée pour laisser s'écouler les eaux avant leur épuration. Il faut enfin des sous-sols incapables de retenir l'eau à l'état stagnant avant son épuration.

L'épandage agricole exige surtout des surfaces énormes de terrains appropriés.

Prenons Paris : le volume des eaux à épurer chaque année atteint environ 350 millions de mètres cubes (et le chiffre ira en augmentant avec la population et l'arrivée supplémentaire des eaux d'alimentation que l'on projette).

Avec les eaux de la banlieue il faudrait au moins 25,000 hectares, en épuration intensive. Pour les 5 à 6,000 hectares déjà exploités, il a fallu aller chercher des terrains à plus de 40 kilomètres ; où faudrait-il aller pour assurer l'épuration complète? On serait conduit, sans insister sur les odeurs nauséabondes qui ont tant fait protester les habitants de la presqu'île de Gennevilliers, à encercler la ville d'une ceinture d'irrigation plus ou moins mal odorante.

Autrefois, Pasteur avait préconisé la construction d'un aqueduc de Paris à la mer dans lequel on aurait déversé les eaux d'égout de Paris et de la banlieue ; au moyen de vannes, les riverains se seraient alimentés en nitrates.

La nitrification aurait commencé dès le début pour se poursuivre ensuite, comme cela se produit en Seine.

On trouve, en effet, 6 grammes de nitrates par mètre cube en amont du débouché du collecteur d'Asnières, dans le fleuve; on trouve 22 grammes à Epinay, et tandis qu'à quelques mètres de ce débouché on compte 2 millions de microbes par centimètre cube, on en trouve à peine 250,000 à Mantes. Comme on en trouve plus de 300,000 en amont du collecteur d'Asnières, ce nombre se retrouve à Mantes.

L'azote organique disparaît peu à peu, est transformé en ammoniaque d'abord, en acide nitrique ensuite, et la Seine reprend son aspect à peu près normal un peu au delà de Saint-Germain.

On peut suivre le procès de ces transformations avec le tableau suivant :

	Oxygène dissous 0/00 par litre	PAR MÈTRE CUBE			PAR CENT. CUBE
		Azote organique	Ammoniaque.	Azote nitrique.	BACTÉRIES
Point-du-Jour	9,5	2 »	2,2	6 »	300 mille
Asnières (amont) . . .	9,5	2,8	2,2	7 »	360 mille
— (aval)	7,4	54,0	102 »	4,2	2 millions
Saint-Ouen (aval) . . .	5,3	63,0	192 »	3,2	2 millions 800
Epinay	6,7	22,0	127 »	21,3	1600 mille
Bougival	8,2	22,0	108 »	22,6	1300 mille
Mantes	9,6	20,0	85 »	10,5	250 mille

La moyenne de l'oxygène en Seine est 10cc4. Au débouché même du collecteur d'Asnières, on compte 13 millions de microbes par centimètre cube; au débouché de Saint-Ouen, 16 millions. Ces chiffres expliquent l'activité des transformations. Au début, les anaérobies qui attaquent l'azote organique paralysent seulement les nitrificateurs. Il y a lutte, et les microbes qui ont l'aliment le plus approprié prédominent. Comme l'ammoniaque apparaît bientôt, les nitrificateurs peuvent élaborer l'azote nitrique, grâce à l'oxygène apporté par les remous du fleuve.

Les microbes ont raison de toute la partie des matériaux organiques qui ne s'est pas déposée comme vase. Tout disparaît des

3 à 400,000 kilogrammes de matière organique soluble et des 7 à 800,000 kilogrammes de matières en suspension, et cela dans un parcours relativement restreint.

Vous pouvez ainsi, Messieurs, saisir sur le vif les pertes considérables d'azote qui va s'écouler dans la mer.

Pour les raisons que je vous ai données, l'épandage agricole étant à peu près impraticable, on a cherché des procédés qui sacrifient le côté agricole et n'ont pour but que de rendre inoffensive la masse des liquides souillés produits dans les grandes villes.

En Angleterre et à Lille, sous la direction du docteur Calmette, on épure dans des cuves appropriées par ce qu'on a appelé la méthode aux lits bactériens.

On emploie des cuves de 80 centimètres de profondeur seulement. Les murs sont tapissés de scories, le sol également; chaque bassin est rempli de mâchefer de façon à occuper les deux tiers du volume total, pour faciliter l'aération.

On arrive ainsi à épurer, en un temps très court, de grandes masses d'eau d'égout. Les eaux épurées sont ensuite renvoyées dans les cours d'eau voisins.

Tandis qu'avec le procédé à l'épandage et utilisation agricole, il est vrai, il faudrait plus de 25,000 hectares pour Paris et la banlieue, avec la méthode aux lits bactériens, 20 à 25 hectares suffiraient et il n'en faudrait plus que 5 à 6 par la méthode Muntz et Lainé, à laquelle j'arrive [1].

Les auteurs utilisent comme support la tourbe. Ils ont préconisé leur procédé par l'épuration des eaux d'égout, après avoir étudié la fabrication intensive des nitrates au moyen du même support.

Quand vous connaîtrez ce mode de fabrication, il vous sera facile de comprendre qu'en substituant l'eau d'égout aux sels ammoniacaux déversés sur la tourbe, on peut épurer les eaux résiduaires, comme dans les fosses à lits bactériens, mais avec une intensité cinq fois plus considérable.

Ici encore, pas d'utilisation agricole.

Voici la description de ce procédé :

Nous avons vu que nos microbes nitrificateurs n'agissent que sur

[1] Muntz et Lainé, *Moniteur scientifique*, 1908.

les composés ammoniacaux. Il me paraît donc intéressant, tout d'abord, de retenir un instant votre attention sur les origines de l'ammoniaque qui est utilisée dans le procédé Muntz et Laine.

La principale source vient de la combustion de la houille dans la fabrication du gaz d'éclairage.

Le rendement est à peu près de 10 kilogrammes de sulfate d'ammoniaque par tonne de houille. Or, les houilles renferment de 1 à 1,5 p. 100 d'azote. C'est donc au moins les 4/5 de cet élément qui sont perdus.

Lorsqu'on fait brûler la houille, au gazogène, dans un mélange d'air et de vapeur d'eau, en proportions telles qu'on ait 2 tonnes de vapeur d'eau par tonne de houille, la température est abaissée à 500°, et la présence de la vapeur d'eau favorise la transformation de l'azote en ammoniaque. On est parvenu à retirer ainsi de la houille 50 p. 100 de son azote.

La tourbe renferme de 2 à 3 p. 100 d'azote, combiné à la matière carbonée. On a pu, sous l'influence de la vapeur d'eau surchauffée, en retirer les 3/4 sous forme ammoniacale.

Les tourbières ne se rencontrent que dans les climats humides. En France, on en trouve en Bretagne, dans l'Oise et dans la Somme surtout. Il en existe aussi dans la Corrèze, la Creuse, en Charente et en Gironde.

Elle est formée par les végétaux au sein de l'eau. Et bien entendu cette formation est sous la dépendance de phénomènes microbiens. Les plantes fournissent un feutrage épais qui retient l'eau. Elles se décomposent par leur base, tandis qu'elles continuent à croître par le sommet. La tourbière s'accroît ainsi peu à peu en épaisseur.

A la surface, on trouve une tourbe mousseuse, à structure filamenteuse. Plus bas, elle change de structure pour devenir compacte. En même temps, elle s'appauvrit en hydrogène et oxygène et s'enrichit en carbone et azote. C'est une sorte d'entraînement vers le lignite qui se forme dans les eaux peu profondes, aux dépens du ligneux des végétaux, comme l'indique son nom.

En France, les tourbières se chiffrent par des centaines de milliers d'hectares. Elles ont en moyenne une épaisseur de 2 mètres, mais peuvent atteindre 6 et même 12 mètres. Et elles se renouvellent constamment, mais avec une certaine lenteur.

1 mètre cube de tourbe donne par dessiccation environ 300 kilogrammes de matière sèche, renfermant 2 à 3 p. 100 d'azote.

En considérant seulement une épaisseur de 1 mètre, on calcule qu'un hectare peut renfermer plus de 70,000 kilogrammes d'azote. D'où il résulte qu'avec les tourbières de France c'est par millions de tonnes que se chiffre la quantité d'azote qu'on pourrait en retirer.

En fait, on a essayé cette exploitation d'azote, mais on s'est heurté à de grosses difficultés, dont la principale provient de la dessiccation préalable de la tourbe qui contient 60 à 70 p. 100 d'eau.

Il faut espérer qu'un jour viendra où il sera possible de procéder à cette extraction par des méthodes pratiques.

En attendant, Muntz et Lainé ont employé la tourbe comme support nitrificateur en introduisant dans cette tourbe des solutions d'un sel ammoniacal.

La tourbe doit sa supériorité à sa richesse en matières humiques et à la rugosité de sa surface, qui permet aux microbes de s'y attacher et de former des colonies puissantes que le courant des solutions n'entraîne pas.

Les auteurs font remarquer que leurs nitrières n'offrent pas de différences essentielles avec celles qu'on établissait sous la Révolution et le Premier Empire, sous la direction de Lavoisier d'abord et de Chaptal ensuite.

On plaçait, sous des abris, des meules de terre mélangée de résidus organiques, de boues des rues, de débris végétaux, des balayures, etc.

La terre, brassée avec ces matières, était disposée en meules aérées par des drainages en clayonnages ou des fagots placés bout à bout (on savait donc déjà à cette époque que la présence de l'air était nécessaire).

On arrosait avec des liquides putrescibles : urine, purin, eaux de vaisselle, etc.

Au bout de deux ans environ, la nitrière était exploitée et fournissait, en moyenne, 5 grammes de salpêtre brut par kilogramme de terre.

Les rendements étaient donc très faibles, pour diverses raisons dont l'exposé nous entraînerait un peu loin. Vous pouvez en entrevoir quelques-unes à la lumière des faits que je vous ai déjà exposés concernant les conditions d'une bonne nitrification dans le sol.

Pour que la nitrification atteigne son maximum, il est nécessaire qu'elle soit continue, que l'on fournisse aux ferment nitriques, sans cesse, l'aliment ammoniacal à la dose la plus favorable et qu'on maintienne en permanence les diverses conditions exigées par le travail microbien.

Dans de nombreuses expériences préliminaires, Muntz et Lainé avaient vu que les milieux riches en humus convenaient le mieux au début.

Voici la description de leurs nitrières : on prend de la tourbe ou mousseuse ou compacte ; dans ce dernier cas, on choisit des morceaux de la grosseur d'un œuf environ ; on incorpore 10 p. 100 de calcaire, qui tient ici la place de l'une des bases prévues par Schlœsing et Muntz. On s'arrange de façon à avoir environ 60 p. 100 d'eau. C'est, nous l'avons vu, la quantité que la tourbe retient d'ordinaire.

La tourbe contient naturellement des ferments nitrificateurs, il suffirait donc, à la rigueur, de leur fournir le sel ammoniacal.

On peut activer, au début, en incorporant du terreau de jardin, très riche en ferments. On a ainsi une sorte de pied de cuve.

Le mélange ensemencé doit être placé dans un local pouvant être chauffé à 26-27° (température optima).

On fait des meules de 1 à 2 mètres d'épaisseur.

Muntz et Lainé emploient le sulfate d'ammoniaque avec des solutions faibles au début, 5 grammes par litre environ, dans la nitrière ; Plus tard, on élève à 8 grammes ; il ne faut pas dépasser.

Il est nécessaire qu'il y ait toujours du sel ammoniacal en excès. Faute de cet aliment, les ferments nitriques pourraient être submergés par d'autres, pour lesquels le milieu serait devenu plus favorable. L'activité de la nitrière irait en diminuant, jusqu'à possibilité de disparition.

Il faut donc s'assurer, par des essais fréquents, que le sel ammoniacal ne diminue pas trop.

Au début, pour répartir uniformément le sel ammoniacal et le calcaire, on effectue des brassages qui assurent en même temps l'aération du milieu.

Comme le calcaire primitivement introduit peut tendre à s'épuiser, il doit y en avoir également toujours un excès pour saturer l'acide nitrique qui se forme.

Lorsqu'on ajoute à une nitrière en activité une nouvelle dose de sulfate d'ammoniaque, il apparaît une précipitation de plâtre provenant surtout de la chaux en solution à l'état de nitrate déjà formé. Ce plâtre

indissous se déposera sur les parties supérieures de la nitrière et la colmatera, d'où aération supprimée. On évite cet inconvénient en versant le sulfate d'ammoniaque dans des bassins disposés sous les nitrières, pour recueillir le liquide qui s'écoule, et en laissant éclaircir, puis opérant une décantation.

On aura alors dans la solution un mélange de sulfate, de carbonate et de nitrate d'ammoniaque qui seront nitrifiés ultérieurement.

Enfin, on s'assure de la bonne marche de la nitrification par des dosages fréquents du nitrate formé.

Les meilleurs rendements sont obtenus en faisant passer les solutions d'une nitrière à l'autre.

Au bout du deuxième mois, on obtient une concentration correspondant à 20 p. 100 de nitrate de chaux dans la solution, 120 grammes par kilogramme de tourbe humide ou 60 à 70 kilogrammes par mètre cube de tourbe humide.

C'est le moment d'exploiter.

On pourrait pousser plus loin la concentration en nitrate, puisque Muntz et Lainé ont vu que la nitrification se poursuit jusqu'à une concentration de 40 et même 50 p. 100 en nitrate. Mais il resterait du sulfate d'ammoniaque non nitrifié qui pourrait constituer une perte sérieuse.

On lessive la tourbe, mais pas totalement, de façon à n'avoir pas à ensemencer de nouveau, et le même support peut être utilisé à peu près indéfiniment.

Avec ce procédé, on entrevoit la possibilité d'obtenir, en une année, 6,000 tonnes de nitrate de chaux avec une nitrière de 1 hectare, sous 2 mètres d'épaisseur en tourbe.

Comme l'ammoniaque et les sels ammoniacaux sont utilisés soit pour la fabrication de la soude Solvay, soit pour l'emploi qu'on en fait en agriculture, on peut songer à une raréfaction de ces produits.

Muntz et Lainé ont essayé de substituer aux sels ammoniacaux des matières organiques diverses (sang desséché, urine, purin, etc.). La nitrification s'opère, mais plus lentement, puisqu'il faut que l'azote organique soit d'abord transformé en ammoniaque.

Résumons les conditions, en les complétant.

Choix de la tourbe ou mousseuse ou compacte qu'on humectera d'abord d'une solution nitrifiable faible, puis brassage, après addition de calcaire. Ensemencement microbien, de préférence à l'aide de matériaux empruntés à une nitrière en activité ou, à défaut, avec du terreau de jardin (10 kilogrammes par mètre cube de tourbe).

La tourbe pourra être laissée étalée, mais il vaut mieux la disposer en tas parallélipipédiques, dont l'épaisseur pourra atteindre 2 mètres. On les maintiendra à l'aide d'un treillage en fil de fer et, à l'intérieur de la nitrière, on ménagera des cheminées verticales pour assurer l'aération.

La partie inférieure reposera sur un lit d'escarbilles ou de matériaux inertes, grossiers, qui permettront une sorte de drainage et favoriseront ainsi l'accès de l'air.

Le déversement de la solution nitrifiable doit être fait régulièrement et à intervalles assez rapprochés. On peut le réaliser au moyen d'un siphon s'amorçant de lui-même. On fera passer cette solution nitrifiable d'une nitrière à l'autre, en augmentant la concentration.

Au bas de chaque nitrière seront deux réservoirs; dans le premier, on versera le sulfate d'ammoniaque, il y aura production de plâtre qui précipitera; on décantera dans le second.

Enfin, les nitrières seront placées dans des hangars pouvant être chauffés à une température de 26-27°.

Et il demeure évident que pour opérer en grand une installation mécanique serait nécessaire pour le mouvement des liquides.

Muntz et Lainé ont constaté que les pertes en ammoniaque sont négligeables. On aurait pu craindre la volatilisation d'une certaine quantité d'ammoniaque du carbonate d'ammoniaque formé au contact du sulfate d'ammoniaque et du carbonate de chaux. En fait, s'il en part une certaine quantité, elle est compensée par le nitrate formé provenant de l'azote organique normal de la tourbe. Cette dernière tend aussi à fixer l'ammoniaque en raison de son pouvoir absorbant et à le rétrograder sous forme d'azote organique. Ce phénomène est connu.

Mais cet azote organique, momentanément immobilisé, finit par être nitrifié à son tour.

Le nitrate de chaux ainsi obtenu peut s'employer, après évaporation des solutions, tel quel en agriculture. Il aurait l'avantage d'apporter de la chaux aux terres qui en manquent.

Si on désire avoir du salpêtre, on n'a qu'à employer le procédé classique au chlorure de potassium.

Pour la transformation en nitrate de soude, en vue de la fabrication de l'acide nitrique, Muntz et Lainé suggèrent la substitution au chlorure de sodium du sulfate de soude dans les conditions suivantes :

On sait que le composé sodique obtenu dans la fabrication de l'acide nitrique est du bisulfate de soude ; il suffirait de neutraliser ce bisulfate, et on pourrait se servir de la même source de bisulfate de soude pour faire la double décomposition avec le nitrate de chaux provenant de la nitrière.

Mieux encore, on pourrait saturer le bisulfate de soude avec du phosphate de chaux naturel. On aurait ainsi, dans la solution, du sulfate de soude neutre pour faire la double décomposition avec le nitrate de chaux et un phosphate pouvant être transformé en super avec économie, car il faudrait de moindres quantités d'acide sulfurique pour amener à l'état assimilable l'acide phosphorique du phosphate.

Quoi qu'il en soit, le procédé Muntz et Lainé pourrait être essayé au jour encore lointain où les nitrates du Chili viendraient à se raréfier.

J'indiquais tout à l'heure qu'il était regrettable qu'aucun essai n'ait été amorcé depuis 1908. Je dois reconnaître que pendant notre guerre on se serait heurté au manque de sels ammoniacaux, certains explosifs à base de nitrate d'ammoniaque en absorbant des quantités considérables.

En ce qui concerne la partie économique, nous avons vu qu'avec 1 hectare de nitrière tourbeuse on pouvait obtenir 6,000 tonnes de nitrate par an.

Remarquons en passant qu'avec 100 hectares on arriverait à un rendement de 600,000 tonnes, soit le double des quantités importées en 1913. En tout cas, il paraît vraisemblable que les rendements pourraient être améliorés, ne serait-ce qu'en élevant l'épaisseur de tourbe.

Comme 100 tonnes de sulfate d'ammoniaque en donnent 124 de nitrate de chaux et que les prix des deux composés étaient sensiblement les mêmes avant la guerre (soit 300 francs la tonne), on aurait à peu près un bénéfice brut de 24 p. 100.

La quantité de sulfate d'ammoniaque à mettre en œuvre pour obtenir les 6,000 tonnes de nitrate de chaux serait d'environ 4,500 tonnes valant 1,350,000 francs.

Il faudrait évidemment déduire de ce bénéfice de 24 p. 100 l'amortissement des frais de premier établissement et les frais généraux.

Mais l'augmentation des quantités de nitrate formées grâce à l'amélioration que j'indiquais tout à l'heure (élévation de la tourbe) serait de nature à diminuer notablement les frais généraux par rapport aux bénéfices susceptibles d'être réalisés.

Tel est, Messieurs, le procédé de fabrication intensive des nitrates par les méthodes biochimiques.

En terminant, je prendrai la liberté d'attirer votre attention sur les progrès apportés par la science française dans la connaissance et les applications des phénomènes de nitrification.

Rappelez-vous les rendements obtenus sous la Révolution et le Premier Empire : 5 kilogrammes de salpêtre par tonne de terre en *deux ans;* aujourd'hui, possibilité d'obtenir en *deux mois* 60 à 70 kilogrammes de nitrate par mètre cube de tourbe; 200 à 230 kilogrammes par tonne de tourbe sèche.

Élargissant ces considérations, dans le domaine de la microbiologie appliquée à l'agriculture, nous avons le droit de nous enorgueillir, car, à part de rares exceptions, c'est en France que se sont poursuivies les recherches de laboratoire qui ont contribué à faire connaître les principaux phénomènes biochimiques d'agronomie et permis d'en tirer des applications analogues à celles que je viens de vous exposer, Dieu sait avec quelle indigence d'organisation et quelle pénurie de moyens matériels !

L'enseignement supérieur n'est pas gâté dans notre cher pays de France; on peut excepter cependant le Nord et l'Est, où les corps constitués et certains industriels ont fait preuve de quelque générosité. Hélas! il n'en est pas de même dans notre Sud-Ouest ; et cependant, parmi les laboratoires qui ont contribué aux progrès des sciences appliquées à l'agriculture, la Faculté des Sciences de Bordeaux a eu l'honneur d'apporter une certaine contribution, si j'osais, je dirais une importante contribution.

Conférence du 2 mars 1918.

La fabrication des nitrates par oxydation électro-thermique de l'azote;

Par M. M. VÈZES.

Messieurs,

Le problème de l'azote a été posé pour la première fois par Sir W. Crookes, dans son discours présidentiel à l'Association Britannique pour l'Avancement des Sciences, réunie à Bristol en 1898. Il peut, à l'heure actuelle, se résumer ainsi :

Les peuples de race blanche, dont le pain est l'aliment essentiel, s'accroissent rapidement : des statistiques précises ont montré que le nombre des « mangeurs de pain » s'accroît en moyenne de 6 millions par an; il était, au début du xxᵉ siècle, d'environ 530 millions. La consommation moyenne de chacun d'eux étant, par an, de 1,63 hectolitres de blé, on voit que la consommation totale atteignait, en 1900, 864 millions d'hectolitres de blé, avec un accroissement annuel de 9,8 millions d'hectolitres. En admettant que le rendement annuel moyen d'un hectare planté en blé soit de 11,3 hectolitres (moyenne des moyennes obtenues dans chaque pays pendant les dix années précédentes, et qui vont de 6 hectolitres par hectare et par an en Australie à 37 hectolitres par hectare et par an en Danemark), on en conclura que la production de cette quantité de blé exigeait, en 1900, 76,5 millions d'hectares cultivés, avec un accroissement annuel de 866,000 hectares en moyenne.

Or, la surface totale disponible sur notre globe pour la culture du blé ne peut s'étendre indéfiniment. Tenant compte des conditions climatériques, géologiques, agricoles qui concourent à la limiter, Sir W. Crookes évalue à 107 millions d'hectares la limite que cette surface ne saurait dépasser. D'où la conclusion que cette limite sera vraisemblablement atteinte aux environs de 1930, et qu'il sera indispensable, à ce moment, d'intensifier la culture du blé, c'est-à-dire d'accroître le rendement moyen à l'hectare par un emploi rationnel et abondant des engrais azotés : l'exemple du Danemark, qui est le pays où la consommation des engrais azotés par tête d'habitant est la plus forte, et où le rendement moyen s'élève à 37 hectolitres par hectare et par an, suffit à montrer qu'il est possible de tripler ainsi, et au delà, la production mondiale de blé, pourvu que l'on dispose, pour la fabrication de ces engrais, d'une quantité suffisante de nitrates, ou, plus généralement, d'azote combiné.

Les sources d'azote combiné, au début du xxe siècle, étaient les suivantes :

1º Les gisements de nitrate de sodium du Chili (région d'Atacama), dont la production a toujours été en croissant (8.000 tonnes d'azote en 1850, 400.000 en 1913), mais qui s'épuisent rapidement, comme quantité et comme qualité du minerai (la caliche contenait à l'origine, en moyenne, 40 0/0 de nitrate pur; elle n'en contient plus aujourd'hui que 22 0/0); on ne connaît pas d'autres gisements assez importants pour remplacer ceux-ci, quand ils seront tout à fait épuisés.

2º La houille, qui contient en moyenne 1,25 p. 100 d'azote, et dont la distillation, dans les usines à gaz ou les usines à coke métallurgique, permet de récupérer cet azote sous forme d'ammoniac, tandis qu'il est perdu lorsque la houille est brûlée sur grille. Sur les 17 millions de tonnes d'azote combiné qu'auraient pu fournir, sous forme d'ammoniac, les 1.360 millions de tonnes de houille consommées en 1913, 300.000 tonnes seulement ont été ainsi récupérées. La production d'ammoniac (sous forme de sulfate) des usines à gaz et des usines à coke métallurgique s'accroît lentement; mais il est peu vraisemblable qu'elle devienne capable de remplacer la production chilienne, quand celle-ci s'épuisera.

En regard de ces sources limitées d'azote combiné, l'atmosphère constitue une source pratiquement illimitée d'azote libre : un calcul simple montre que la quantité d'azote exportée en 1913 par le Chili à l'état de nitrate (400.000 tonnes) équivaut à la quantité d'azote que contient la colonne atmosphérique surmontant 6 à 7 hectares de terrain.

La solution du problème de l'azote consiste donc dans la transformation chimique de l'azote libre, gazeux, emprunté à l'atmosphère, en azote combiné. Elle peut s'effectuer par deux voies : par oxydation, conduisant aux oxydes de l'azote et à l'acide nitrique; par hydrogénation, conduisant à l'ammoniac, qu'il est possible ensuite de transformer par oxydation en acide nitrique. Laissant de côté pour le

moment cette seconde voie, nous allons nous occuper ici de l'oxydation de l'azote (la combinaison des deux éléments que l'atmosphère
fournit à l'état de mélange), et de sa transformation en acide nitrique.

*
* *

Cette transformation s'effectue par trois réactions fondamentales :
la synthèse du bioxyde d'azote (¹) :

$$N^2 + O^2 = 2\ NO,$$

la transformation de ce gaz en peroxyde d'azote :

$$2\ NO + O^2 = 2\ NO^2,$$

enfin l'hydratation du peroxyde d'azote :

$$3\ NO^2 + H^2O = 2\ HNO^3 + NO.$$

Nous allons étudier les conditions de réalisation de ces réactions,
mais dans l'ordre inverse, en remontant de l'acide nitrique à l'air
atmosphérique.

La réaction d'hydratation du peroxyde d'azote se produit très facilement dès la température ordinaire, le gaz rouge brun se décolorant
au contact de l'eau liquide en donnant une solution d'acide nitrique
et laissant un résidu gazeux incolore, le bioxyde NO. Cette réaction est
fortement exothermique : elle dégage 12.100 calories (petites calories
ou calories-gramme) pour 126 grammes d'acide nitrique formé.

*
* *

La transformation du bioxyde en peroxyde, par l'oxygène, va nous retenir plus longtemps. Elle aussi est très facile à produire à la température
ordinaire : il suffit de mettre en contact du bioxyde d'azote avec de
l'oxygène, ou plus simplement de l'air, pour observer la production des
« vapeurs rutilantes » ou vapeurs nitreuses dont la couleur révèle la
présence du peroxyde. La transformation est intégrale à froid, si l'on
emploie des quantités des deux gaz qui satisfassent à l'équation de la
réaction, soit 2 volumes de bioxyde pour 1 volume d'oxygène ; elle

(¹) Rappelons que dans ces formules le symbole N représente 14 grammes d'azote,
le symbole O 16 grammes d'oxygène, le symbole H 1 gramme d'hydrogène.

est très fortement exothermique, et dégage 40,000 calories pour 92 grammes de peroxyde formé.

Intégrale à froid, elle cesse de l'être si l'on chauffe au delà d'une certaine limite, qui est de 130° si la réaction est effectuée sous la pression atmosphérique. Mélangeons encore, sous la pression atmosphérique, mais à la température de 500°, 2 volumes de bioxyde et 1 volume d'oxygène : il ne se produira que 41 p. 100 de la quantité de peroxyde qui se serait produite si le même mélange avait été effectué à la température ordinaire. A température plus élevée, la proportion de peroxyde formé serait encore plus faible : il ne s'en produirait plus du tout à 620°.

Inversement, portons, sous la pression atmosphérique, du peroxyde d'azote pur à des températures supérieures à 130° : il sera alors le siège d'une décomposition, en bioxyde et oxygène, d'autant plus complète que la température sera plus élevée; à 500°, il n'en subsistera que 41 p. 100 ; à 620°, sa décomposition sera complète.

t	x
130°	100
225	95
350	83
450	60
500	41
620	0

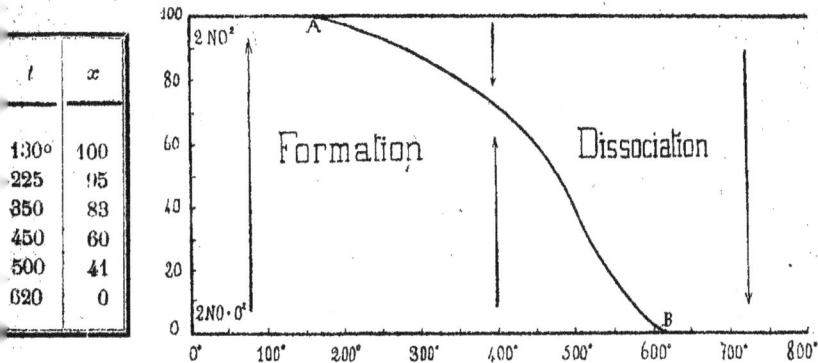

Fig. 1. — *Formation et dissociation du peroxyde d'azote sous la pression atmosphérique normale.*

Le peroxyde d'azote se dissocie donc, sous la pression atmosphérique, entre 130° et 620°. Sa dissociation, étudiée par Richardson (Chem. Soc. J., t. LI, p. 397, 1887), sous la pression atmosphérique, est résumée dans le tableau ci-dessus, où t représente la température centigrade et x le nombre de grammes de peroxyde existant, au moment de l'équilibre, dans 100 grammes du mélange.

Sur deux axes rectangulaires, portons en abscisse la température t, en ordonnée la teneur x en peroxyde du mélange en équilibre, et limitons le diagramme ainsi formé par l'horizontale $x = 100$, correspondant au peroxyde pur, tandis que l'axe des températures $(x = o)$ correspond au mélange $2NO + O^2$ complètement exempt de peroxyde. Dans ce diagramme, les nombres du tableau ci-dessus permettent de tracer une courbe AB qui indique, à chaque température, la composition du mélange (de peroxyde et de ses produits de décomposition) susceptible de rester en équilibre à cette température sous la pression atmosphérique. Cette courbe partage le plan en deux régions : l'une, située à gauche et au-dessous de la courbe AB, où la seule réaction observable est la formation du peroxyde; l'autre, située à droite et au-dessus, où la seule réaction observable est la dissociation du peroxyde.

L'étude de la réaction $2NO + O^2 = 2NO^2$ et de la réaction inverse, sous la pression atmosphérique, conduit donc à distinguer trois régions de température : 1° au-dessous de 130°, le peroxyde d'azote est parfaitement stable, le mélange $2NO + O^2$ se transforme intégralement en peroxyde; bref, la réaction écrite ci-dessus s'effectue uniquement dans le sens direct. — 2° Au-dessus de 620°, le peroxyde d'azote est totalement détruit, le mélange $2NO + O^2$ ne fournit pas de peroxyde; bref, la réaction s'effectue uniquement dans le sens inverse. — 3° Entre 130° et 620°, les deux réactions inverses se produisent et se limitent mutuellement.

Ces températures, qui limitent les trois régions dont il s'agit, dépendent de la pression sous laquelle est étudiée la réaction. Comment en dépendent-elles? C'est ce que vont nous apprendre les lois du déplacement de l'équilibre.

Ces lois, énoncées à peu près simultanément (1884) par Vant' Hoff et par M. H. Le Chatelier, ont été résumées par ce dernier en un énoncé unique, la loi de l'opposition de la réaction à l'action : « Tout système en équilibre chimique éprouve, du fait de la variation d'un seul des facteurs de l'équilibre, une transformation dans un sens tel, que, si elle se produisait seule, elle amènerait une variation de signe contraire du facteur considéré. »

Appliquons cette loi à la réaction considérée et au facteur température. La synthèse du peroxyde, nous l'avons vu, dégage de la chaleur, et, par suite, sa décomposition en absorbe. Lorsque le peroxyde est en équilibre avec les produits de sa dissociation, si nous élevons la température, il doit en résulter une transformation capable d'abaisser la température, c'est-à-dire absorbant de la chaleur; il en résultera donc la décomposition d'un peu de peroxyde. C'est bien le résultat auquel l'expérience a conduit Richardson : la courbe qui symbolise ses recherches descend de gauche à droite; le peroxyde se dissocie d'autant plus que la température est plus élevée.

Appliquons la même loi à la même réaction et au facteur pression. L'équation

$$2NO + O^2 = 2NO^2,$$

où trois molécules se transforment en deux molécules, montre que la synthèse du peroxyde s'accompagne d'une diminution de volume; sa décomposition se produirait avec augmentation de volume. Lorsque le peroxyde est en équilibre avec les produits de sa dissociation, si nous faisons croître la pression, il doit en résulter une transformation capable d'abaisser la pression, c'est-à-dire diminuant le volume; il en résultera donc la formation d'un peu plus de peroxyde. Autrement dit, la courbe AB, déterminée sous la pression atmosphérique, est déplacée vers le haut par une augmentation de pression; dans ce mouvement, les points A, B, où cette courbe rencontre les limites du diagramme, sont déplacés vers la droite, et par conséquent la courbe AB est déplacée vers la droite : un accroissement de pression étend vers les hautes températures la région de stabilité du peroxyde.

Les mêmes considérations permettent de prévoir ce qui se passera si, au lieu de réaliser la synthèse du peroxyde par le bioxyde d'azote et l'oxygène, on la réalise par le bioxyde d'azote et l'air. Ceci revient à diluer dans un excès d'azote la réaction étudiée ci-dessus, et à remplacer le mélange

$$2NO + O^2$$

par un mélange voisin de

$$2NO + O^2 + 4N^2,$$

les 4 molécules (environ) d'azote, qu'apporte avec elle la molécule d'oxygène empruntée à l'air, n'intervenant d'ailleurs point dans la réaction. Le seul rôle qu'elles joueront sera d'abaisser la pression du mélange de bioxyde d'azote et d'oxygène, pression qui sera réduite à 3/7 d'atmosphère environ; ce qui aura pour conséquence de déplacer la courbe AB de quelques degrés vers la gauche.

Avec quelle vitesse se réalisent, aux températures où elles sont possibles, les deux réactions inverses dont la courbe AB marque la limite commune, la formation du peroxyde d'azote et sa dissociation ? On sait d'une façon générale que la vitesse des réactions est très notablement accrue par une élévation, même faible, de la température ; en moyenne, elle est doublée pour une élévation de température de 10°. D'autre part, d'après des mesures de Schönherr (*Electrotechn. Zeitschr.*, 1909, cah. 16 et 17), effectuées à 20° avec de l'air contenant 2 p. 100 de bioxyde d'azote, la transformation en peroxyde des 9/10 de ce gaz exige 100 secondes. Partant de ce nombre, et le diminuant de moitié de 10° en 10°, on voit que la même transformation exigerait environ 1/20 de seconde à 130°; à 300°, sa vitesse serait de l'ordre du millionième de seconde, et il en serait de même, selon toute vraisemblance, de la réaction inverse.

*
* *

De l'étude que nous venons de faire de la réaction de synthèse du peroxyde d'azote, il résulte que ce corps, sous pression atmosphérique, n'existe plus aux températures supérieures à 620°. Parmi les autres oxydes de l'azote, le protoxyde N^2O, le trioxyde ou anhydride azoteux N^2O^3, le pentoxyde ou anhydride azotique N^2O^5, sont encore moins stables, et sont déjà entièrement décomposés, à des températures inférieures à 600°, en peroxyde NO^2, bioxyde NO, et azote, ou oxygène. Un seul reste stable au-dessus de 620° : le bioxyde d'azote NO. C'est sa réaction de formation et de dissociation, exprimée par l'équation réversible

$$N^2 + O^2 \rightleftarrows 2NO,$$

que nous allons maintenant étudier.

Portons du bioxyde d'azote, sous la pression atmosphérique, à des températures croissantes : ce n'est que vers 700° que nous le verrons se dédoubler en azote et oxygène, qui, ramenés à la température ordinaire, resteront libres et faciles à déceler et à séparer par leurs réactifs habituels (solution alcaline de pyrogallol, par exemple, qui noircit en dissolvant l'oxygène). La même expérience, réalisée avec des mélanges en diverses proportions de bioxyde d'azote et de ses produits de décomposition (azote et oxygène mélangés à volumes égaux), donnerait, selon toute apparence, des résultats analogues : c'est aussi au voisinage de 700° que l'on verrait le bioxyde se décomposer dans ces

— 29 —

conditions. Il est vraisemblable que sa température de décomposition dépendrait de sa proportion dans le mélange étudié : dans quel sens ? il nous est impossible de le dire, aucune étude n'ayant été faite, à notre connaissance, de cette variation.

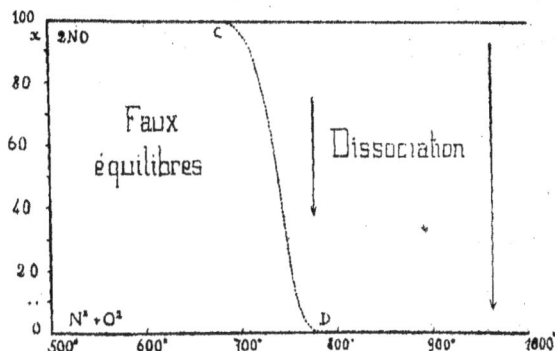

Fig. 2. — *Dissociation du bioxyde d'azote sous la pression atmosphérique normale.*

Traçons, comme nous l'avons fait pour l'étude de la synthèse du peroxyde, un cadre constitué par un axe des températures, un axe perpendiculaire Ox gradué de x = o à x = 100, et une parallèle (x = 100) à l'axe des températures. La variable x représentant ici le nombre de grammes de bioxyde d'azote contenus dans 100 grammes du mélange, cette parallèle symbolise le bioxyde d'azote pur, tandis que l'axe des températures (x = o) correspond au mélange à volumes égaux N² + O², complètement exempt de bioxyde d'azote.

Dans ce cadre, un point C situé sur la parallèle x = 100 au voisinage de 700°, définit la limite de stabilité du bioxyde d'azote; les conclusions vraisemblables que nous venons d'énoncer se traduisent par l'existence d'une ligne CD, partant du point C pour aller rejoindre en D l'axe des températures, et dont la forme exacte et le sens nous sont inconnus.

Cette ligne est-elle une courbe d'équilibre, comme la courbe AB du diagramme de formation et de dissociation du peroxyde d'azote? En cette dernière, chaque point représentait la limite de deux réactions inverses, la formation du peroxyde et sa décomposition ; dans le cas actuel, chaque point de la courbe CD représente la limite d'une seule réaction, la décomposition du bioxyde.

Dans les systèmes représentés par un point situé à droite de la courbe CD, le bioxyde d'azote se détruit ; mais dans les systèmes représentés par un point situé à gauche de la courbe, le bioxyde d'azote ne se forme pas : en particulier, l'expérience a bien des fois permis de constater qu'un mélange à volumes égaux d'azote et d'oxygène ne fournit pas trace de bioxyde d'azote, quelle que soit la température à laquelle il est porté (pourvu qu'elle reste inférieure à 1200°) sous la pression atmosphérique. Autrement dit, le point D ne représente pas, pour le système $N^2 + O^2$, une limite de stabilité.

Il résulte de là que, sous la pression atmosphérique, un mélange à volumes égaux d'oxygène et d'azote, en partie combinés, — quelle que soit sa teneur x en bioxyde d'azote, — reste en équilibre et n'éprouve aucune transformation, si le point figuratif qui définit à la fois sa composition et sa température est situé à gauche de la courbe CD. De tels équilibres ne sont plus, comme ceux que nous avons étudiés dans le cas du peroxyde d'azote, la limite commune de deux réactions inverses : aussi leur donne-t-on le nom de *faux équilibres*. La région située à gauche de la ligne CD est ainsi une région de faux équilibres (elle s'étend jusqu'aux plus basses températures connues) ; la ligne CD est une *ligne limite de faux équilibres*.

*
* *

Puisque nous n'avons pas trouvé, dans la région que nous venons d'explorer, les équilibres véritables auxquels doivent donner lieu la réaction

$$N^2 + O^2 = 2NO$$

et la réaction inverse, — équilibres dont la connaissance nous permettra seule de préciser les conditions dans lesquelles sera réalisable la synthèse du bioxyde d'azote, — c'est que nous devons chercher ailleurs la véritable courbe d'équilibre de ces réactions : ailleurs, c'est-à-dire à des températures plus élevées encore.

Que nous enseignent, au sujet de cette courbe d'équilibre, les lois du déplacement de l'équilibre ?

1º La synthèse du bioxyde d'azote est endothermique. Par des mesures calorimétriques (indirectes, bien entendu), Berthelot et ses élèves ont établi que la formation de 2NO = 60 grammes de bioxyde d'azote, à partir des quantités correspondantes d'azote et d'oxygène gazeux ($N^2 + O^2$), absorbe 43.200 calories. Une élévation de température, devant provoquer dans le mélange en équilibre une réaction absorbant de la chaleur, provoquera donc la formation d'un peu plus de bioxyde d'azote; dans notre diagramme, la courbe d'équilibre que nous cherchons montera de gauche à droite.

2º Dans l'équation de synthèse du bioxyde d'azote, 2 molécules se transforment en 2 molécules; la réaction s'effectue donc sans changement de volume. Par suite, une variation de pression est sans influence sur l'état d'équilibre; la courbe d'équilibre que nous cherchons n'est pas déplacée par les variations de la pression.

Enfin, si nous appliquons aux deux réactions inverses considérées ce que nous avons dit plus haut touchant la vitesse des réactions et sa variation avec la température, nous pouvons prévoir que la vitesse de synthèse du bioxyde d'azote, comme sa vitesse de décomposition, croîtront notablement avec la température.

Ces prévisions ont été confirmées par l'expérience. Le tableau ci-dessous donne les résultats des mesures effectuées par Nernst et ses élèves (*Göttingen Nachrichten*, 1904, p. 261) en opérant sur de l'air (le mélange initial était ainsi: $4N^2 + O^2$ au lieu de $N^2 + O^2$, modification qui n'altère pas les prévisions précédentes); la composition x' du mélange en équilibre représente ici le *volume* du bioxyde d'azote contenu dans 100 *volumes* du mélange; le temps θ est le temps nécessaire pour réaliser la moitié de la transformation possible à la température considérée.

TEMPÉRATURE (centigrade) t	VOLUME DE NO 0/0 x'	TEMPS NÉCESSAIRE POUR TRANSFORMER 1/2 θ
1200º	0, »	Plus d'un jour
1540º	0,37	2 minutes
1920º	0,97	5 secondes
2300º	2,05	quelques centièmes de seconde
2900º	5 environ	de l'ordre du millionième de seconde.

Dans le cadre défini plus haut (mais où nous avons resserré l'échelle des températures), les valeurs correspondantes de x' et de t définissent une courbe, dont l'expérience ne nous a fourni que la portion voisine de l'axe des températures, mais que nous pouvons imaginer se prolongeant jusqu'à un point B de la parallèle à cet axe correspon-

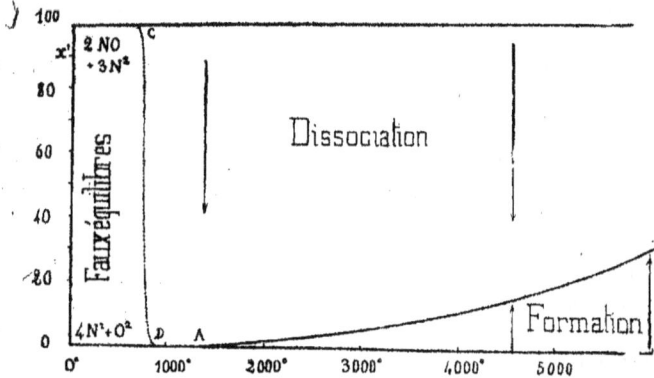

Fig. 3. — *Formation et dissociation du bioxyde d'azote sous la pression atmosphérique normale.*

dant à $x' = 100$. Cette courbe est la courbe d'équilibre véritable de formation et de dissociation du bioxyde d'azote : l'état d'équilibre représenté par chacun de ses points est, bien, en effet, la limite commune des deux réactions inverses. Au-dessus et à gauche de la courbe AB (et à droite de la courbe CD, comme on l'a vu plus haut), la seule réaction observable dans un mélange d'azote, d'oxygène et de bioxyde d'azote est la décomposition de ce dernier gaz; au-dessous et à droite de la courbe AB, la seule réaction observable est au contraire la formation du bioxyde d'azote : remarquons-le bien, ce n'est que dans cette région que le bioxyde d'azote peut se former par l'union de ses éléments. La température (jusqu'à présent tout à fait inaccessible) qui correspond au point B est la limite inférieure de stabilité du bioxyde d'azote (dilué d'environ une fois et demie son volume d'azote); celle qui correspond au point A (environ 1200°) est la limite inférieure à laquelle il commence à se former dans le mélange d'azote et d'oxygène qu'est l'air atmosphérique.

.*.

On voit maintenant comment est réalisable la synthèse du bioxyde d'azote aux dépens de l'air : il faut porter l'air à une température supérieure à 1200°, pour qu'il s'y produise du bioxyde d'azote, et cette température doit être la plus haute possible, pour que la quantité de bioxyde formé soit la plus grande possible. Dans l'arc électrique, où se trouve réalisée une température de plus de 3000°, cette quantité sera de plus de 5 p. 100.

Mais quand l'air, ainsi chargé de 5 p. 100 de bioxyde, va se refroidir en s'éloignant de l'arc électrique, si on le laisse se refroidir naturellement, le bioxyde qu'il contient va se dissocier : il ne pourra en subsister que 2 p. 100 à 2300°, que 1 p. 100 vers 1950° et il n'en restera plus du tout à 1200° et au-dessous : cette *rétrogradation* du bioxyde formé dans l'arc s'effectuant, à chaque instant, avec la vitesse indiquée dans la 3e colonne du tableau ci-dessus. On voit que si le refroidissement, de 3000° à 1200°, s'effectuait, par exemple, en une minute, ce n'est qu'au-dessous de 1500° environ que la vitesse de réaction serait assez faible pour que la rétrogradation n'eût pas le temps de se produire : l'air refroidi ne conserverait que 0,3 p. 100 environ de bioxyde.

Il importe donc de rendre aussi rapide que possible le refroidissement de 3000° à 1200°, de manière à conserver le plus possible du bioxyde formé dans l'arc électrique ; en fait, avec les appareils en usage, l'air rapidement refroidi conserve rarement une teneur supérieure à 1 p. 100 de bioxyde, ce qui montre que, de 3000° à 2000° environ, la vitesse de réaction est trop grande pour que la rétrogradation puisse être empêchée. Au-dessous de 1200°, au contraire, cette vitesse est devenue trop faible pour abaisser sensiblement la teneur en bioxyde de l'air refroidi. Aussi, lorsque l'air a atteint et dépassé cette température, il n'est plus nécessaire d'employer, pour hâter son refroidissement, les moyens énergiques qui étaient indispensables au sortir de l'arc électrique.

Le mélange gazeux continuant à se refroidir arrive vers 600° ; comme le bioxyde d'azote (1 0/0) qu'il contient s'y trouve mélangé d'un excès d'oxygène (plus de 20 0/0, au lieu des 21 0/0 initiaux) il se transforme en peroxyde, suivant la réaction étudiée plus haut, et cette réaction

est complète quand le mélange atteint 100°. On le met alors au contact
de l'eau, qui absorbe le peroxyde suivant la réaction signalée au début
de cette étude, et le transforme en acide nitrique : le bioxyde d'azote
résiduel de cette transformation, qui est encore mélangé de beaucoup
d'air, subira de nouveau ces deux mêmes réactions, et finira par
entrer presque entièrement en solution. — Ces deux réactions, s'effectuant à température beaucoup plus basse que la synthèse du bioxyde
d'azote, sont relativement lentes : aussi sera-t-il nécessaire, pour les
réaliser, d'employer des appareils (chambres de suroxydation, tours
d'hydratation) de grandes dimensions.

*
* *

On voit, par cette description des réactions mises en jeu dans la
synthèse de l'acide nitrique par oxydation de l'azote, que l'arc électrique n'intervient dans ces réactions que par la haute température
qu'il permet de réaliser. C'est donc à tort que l'on a quelquefois
qualifié cette synthèse d'électrochimique, comme il serait naturel de
le faire si l'électrolyse y jouait un rôle ; elle est, en réalité, purement
électrothermique. Pour achever de le démontrer, il nous reste à signaler
que les réactions que nous venons de décrire, et notamment la principale, la synthèse du bioxyde d'azote, sont réalisables industriellement
sans aucune intervention d'énergie électrique. C'est ce que va montrer
l'étude rapide des procédés Haüsser et Bender.

L'usage de la bombe calorimétrique a fait voir depuis longtemps
que, quand on y provoque la combustion explosive d'un corps combustible dans un mélange d'air et d'oxygène fortement comprimés, il
s'y forme toujours un peu d'acide nitrique aux dépens de l'azote de
l'air employé. Le procédé Haüsser consiste à faire exploser, dans une
bombe de 100 litres, un mélange de gaz combustible (gaz d'éclairage,
ou gaz des fabriques de coke métallurgique) et d'air, fortement enrichi
en oxygène. Une détente, consécutive à l'explosion, assure le refroidissement rapide du mélange, que l'on fait passer comme plus haut
dans des appareils à hydratation où s'achève la synthèse de l'acide
nitrique. L'appareil qui a fonctionné avec succès dans une usine
d'essai, à Nuremberg, était disposé pour produire 15 explosions par
minute ; il fournissait 170 grammes d'acide nitrique par mètre cube
de gaz brûlé, soit environ une tonne par jour. Au moment où la

guerre a éclaté, on installait à Hamm (Westphalie) une usine importante pour l'application de ce procédé.

Les réactions mises en jeu dans le procédé Haüsser pour passer de l'air à l'acide nitrique sont celles que nous avons étudiées plus haut; mais la température élevée que nous avons vu être nécessaire pour la synthèse du bioxyde d'azote se trouve ici réalisée, non par l'arc électrique, mais par l'explosion d'un mélange gazeux.

Le procédé Bender est analogue; mais le gaz combustible employé est un gaz naturel, formé principalement de méthane, que dégagent certains puits à pétrole de Transylvanie. Le mélange de ce gaz et d'air enrichi est brûlé dans de gros brûleurs Bunsen fonctionnant sous pression, et réalise ainsi la haute température demandée. Au moment où la guerre a éclaté, une usine se montait à Kissarmas (Transylvanie) pour l'application de ce procédé. Ici encore, ce sont les réactions que nous avons étudiées plus haut (synthèse du bioxyde, sa transformation en peroxyde, et l'hydratation de ce dernier) qui font passer à l'état combiné l'azote de l'air insufflé sous pression dans les brûleurs Bunsen; et c'est la haute température développée par la combustion du gaz naturel dans ces appareils qui provoque la synthèse du bioxyde. C'est donc bien par la seule action de la chaleur que le procédé Bender, comme le procédé Haüsser, provoque l'oxydation de l'azote; et ainsi se justifie l'affirmation que, lorsque cette oxydation se trouve réalisée dans l'arc électrique, cet arc n'a d'autre rôle que celui d'une source de chaleur.

La fabrication des nitrates
par oxydation électrothermique de l'azote;

Par M. A. RICHARD.

MESSIEURS,

M. Vèzes vient de vous dire avec toute la précision désirable, et bien mieux que je n'aurais su le faire, quelle a été la genèse du problème capital que nous étudions aujourd'hui. Il vous a montré comment la chimie physique a permis de fixer les conditions dans lesquelles il faut se placer pour obtenir les meilleurs rendements dans l'oxydation électrothermique de l'azote.

La Société des Sciences physiques et naturelles de Bordeaux, qui vous a conviés ici ce soir, a bien voulu me charger de vous exposer comment, guidée par la théorie, l'industrie a résolu le problème de la fixation de l'azote atmosphérique, et quels résultats ont été obtenus. J'espère ne pas être trop au-dessous de ma tâche; en tout cas, je m'efforcerai d'être aussi bref que possible, de façon à ne pas lasser votre attention.

Avant de vous décrire les divers procédés qui ont été utilisés dans la synthèse de l'acide nitrique et des nitrates, je vais tout d'abord faire une remarque qui vous permettra d'apprécier, en toute connaissance de cause, la valeur relative des méthodes dont j'ai à vous entretenir. Pendant les années qui ont précédé immédiatement la guerre actuelle, le nitrate de soude du Chili était vendu en moyenne à des prix oscillant autour de 20 francs les 100 kilogrammes, avec une teneur garantie de 15 p. 100 d'azote, ce qui correspond à un prix moyen de 1 fr. 30 le kilogramme, avec 1 fr. 10 comme minimum et 1 fr. 50 comme maximum (1).

Par suite, pour qu'un procédé synthétique ait quelque chance de succès au point de vue financier, il faudra que le prix de revient de l'azote combiné soit très nettement inférieur à celui que je viens d'indiquer. Or, il y a quelques années à peine, on croyait qu'il serait difficile d'atteindre un pareil résultat. Je n'en veux pour preuve que ce que disait dans une conférence, donnée en avril 1912, au Collège de France, M. Diaz Ossa, professeur de technologie du nitrate de soude à l'Université du Chili. D'après ce savant professeur, les nitrates du Chili, pouvant améliorer leurs méthodes d'extraction et leur prix de revient, n'avaient rien à redouter des procédés synthétiques. « *De cet exposé succinct de l'industrie des nitrates au Chili*, lisons-nous dans cette conférence, *on peut déduire facilement que le jour où les engrais synthétiques pourront avoir sur lui quelque influence est encore bien loin de nous.* » M. Diaz Ossa aurait été bien étonné si on lui avait dit alors que, quelques mois plus tard, les procédés synthétiques qui, au

---

(1) Ajoutons, à titre documentaire, que depuis 1914 les prix ont subi des variations considérables, comme en témoignent les nombres suivants :

Février 1914...	23 francs les 100 kilogrammes.	
— 1915...	28	—
— 1916...	46	—
— 1917...	62	—
— 1918...	110	—

dire de Crookes, devaient sauver le monde de la famine, allaient empêcher l'Allemagne de succomber rapidement dans *sa* guerre, en lui
permettant de se passer des 800,000 tonnes de nitrate qu'elle recevait
annuellement du Chili.

En présence des nombreux travaux publiés sur la fabrication des
nitrates, je suis obligé de faire un choix : laissant systématiquement
de côté les premières recherches qui furent surtout des travaux de
laboratoire plutôt que des procédés industriels, je ne parlerai que
des véritables méthodes industrielles qui ont donné des résultats certains. Je ne ferai qu'une exception pour une Française,
Mme Lefèvre, qui prit, en 1859, le premier brevet sur la matière. Elle
proposait d'oxyder l'azote de l'air en faisant jaillir des étincelles
fournies par une bobine d'induction dans un courant d'air mélangé
d'oxygène. Il est, je crois, inutile d'ajouter que rien de pratique ne
sortit de ce premier brevet.

Procédé Bradley et Lovejoy. — Le premier essai vraiment
industriel et qui mérite que nous nous y arrêtions un instant, ne
serait-ce que pour en voir les défauts, est le procédé Bradley et
Lovejoy. Il consiste essentiellement à faire jaillir dans un courant d'air
un très grand nombre d'étincelles électriques. Ces auteurs admettaient
que le rendement était fonction du nombre et de la puissance des
étincelles. Ils se sont, par suite, efforcés de transformer le kilowatt en
un nombre d'étincelles aussi grand que possible. C'est pour exploiter
ce procédé que fut fondée en 1902, aux États-Unis, l'*Atmospheric
Products Company*. L'appareil était constitué par un cylindre vertical
en fer qui pouvait être mis en mouvement par un moteur faisant
500 tours à la minute. Des tiges métalliques perpendiculaires à l'axe
passaient devant d'autres fils perpendiculaires au cylindre et entre
lesquels jaillissait l'étincelle. 185 contacts s'établissaient et se rom-
paient 50 fois par seconde, de telle sorte que l'on avait 6,900 arcs dans
une seconde, soit 414,000 étincelles par minute. La durée de chacune
d'elles était de 1/20000 de seconde. L'énergie électrique était demandée
aux chutes du Niagara, et l'on aurait pu utiliser 150,000 chevaux. Les
premiers essais furent effectués à l'aide de sources d'électricité statique,
mais les résultats ayant été défectueux, on se servit ensuite d'une
dynamo accouplée à un transformateur donnant une différence de
potentiel de 10,000 volts. Des nombres publiés, il résulte que l'on
aurait obtenu 1 kilogramme d'acide nitrique avec une dépense de

44 kilowatts-heure, ce qui revient à dépenser 198 kilowatts-heure pour
fixer 1 kilogramme d'azote. Dans les conditions de l'exploitation, ce
chiffre aurait représenté une dépense de 8 fr. 30 environ pour
100 kilogrammes d'acide fabriqué, soit 0 fr. 40 par kilogramme d'azote
fixé, et cela pour la force seule. L'usine dut d'ailleurs s'arrêter bien
vite, par suite de nombreuses difficultés, dont la principale provenait de
la mauvaise utilisation de l'énergie. Une grande dépense de force était
en effet exigée pour la mise en marche des tambours ; aussi verrons-
nous que les autres appareils imaginés n'ont *aucune partie mobile*.

À peu près à la même date, MM. Kowalski et Moscicki essayèrent
un procédé basé sur la remarque faite par l'un d'eux, d'après laquelle
la quantité d'oxyde formé par les décharges dans l'air augmente rapidement avec la fréquence du courant alternatif employé. Aussi, cons-
truisirent-ils un appareil permettant d'utiliser des courants alternatifs
de haute fréquence, 10,000 par seconde, avec des différences de
potentiel atteignant 75,000 volts. Dans ces conditions, ces auteurs
auraient pu obtenir 1 kilogramme d'acide nitrique au moyen de
18 kilowatts-heure, c'est-à-dire fixer 1 kilogramme d'azote avec 81 kilowatts-heure. Ces résultats sont bien meilleurs que ceux de Bradley
et Lovejoy, mais nous ne connaissons pas d'usine où ce procédé serait
mis en pratique.

Ces premiers essais étaient intéressants et montraient l'ingéniosité
de leurs auteurs, mais ils ne suivaient pas la solution théorique
d'assez près. La chimie physique nous a, en effet, appris que si nous
voulons obtenir de bons rendements, deux conditions fondamentales
doivent être réalisées : il faut obtenir une élévation de température
aussi grande que possible et, d'autre part, refroidir instantanément le
mélange gazeux formé, surtout dans la région où la rétrogradation
est maximum, c'est-à-dire entre 3000 et 1000 degrés. Par suite,
c'est en cherchant à réaliser ces deux desiderata que les industriels
dont nous allons parler maintenant ont obtenu des résultats très
satisfaisants, non seulement au point de vue théorique, mais encore
au point de vue financier, ce qui a bien sa valeur.

PROCÉDÉ BIRKELAND-EYDE. — De tous ces procédés, le premier en
date et peut-être aussi le plus important est le procédé Birkeland-Eyde.
Pour bien comprendre dès le début la différence entre les méthodes
que nous venons de signaler et celle des deux savants norvégiens, il

nous suffira de dire que ces derniers ont utilisé de grandes quantités d'énergie électrique sous forme d'arc, tandis que l'on croyait auparavant que c'était en prenant de petites quantités d'énergie sous forme d'étincelles que l'on aurait relativement les meilleurs résultats. Mais c'est à une circonstance particulièrement heureuse que le professeur Birkeland doit d'avoir trouvé le moyen de donner à son arc une très grande dimension en le soufflant à l'aide d'un champ magnétique. Employant un jour un courant continu de 40 ampères sous 600 volts, un contact s'établit accidentellement avec les pièces métalliques voisines de l'appareil, et il se forma au point de contact un arc qui, par l'action du champ magnétique, ainsi développé, prit la forme d'un demi-disque de 10 centimètres de diamètre. Birkeland étudia le phénomène d'un peu plus près et il constata que si l'on fait jaillir entre les électrodes un arc donné par un courant de 2 ampères sous 3,000 volts, ces électrodes étant placées entre les deux pôles d'un électro-aimant, on aperçoit un demi-disque éblouissant, légèrement décalé du côté de l'électrode positive. Si au lieu de courant continu on emploie un courant alternatif à haute tension, on obtient un disque complet, formé de deux demi-disques non concentriques.

M. Birkeland explique la formation de ces disques lumineux de la façon suivante : dès que le courant électrique se manifeste, il naît aux extrémités des électrodes, très rapprochées l'une de l'autre, un arc très court qui établit pour ce courant une sorte de conducteur facile à étirer et à déplacer dans un champ magnétique intense. Une fois formé, l'arc se déplace dans une direction perpendiculaire aux lignes de force du champ avec une vitesse un peu plus grande du côté de l'électrode positive. La longueur de l'arc augmentant, sa résistance grandit, mais alors un nouvel arc apparaît, et le premier s'éteint, et les mêmes phénomènes se reproduisent.

Cela étant, il est bien facile de comprendre que si, en présence de ce disque lumineux porté à une température très élevée, on fait passer un courant d'air suffisamment rapide, la combinaison d'azote et d'oxygène peut être obtenue et que de l'oxyde azotique peut être formé en proportion qui dépendra de la température de l'arc et de la composition du mélange gazeux[1].

---

[1] Remarquons simplement, sans pouvoir nous y arrêter ici, que l'on a proposé d'ajouter à l'air atmosphérique utilisé une proportion plus ou moins grande d'oxygène.

C'est en s'inspirant de ces idées que MM. Birkeland et Eyde imaginèrent le four qui est actuellement en usage dans un certain nombre d'usines.

La chambre de combustion est circulaire, elle a quelques centimètres d'épaisseur et 3 mètres de diamètre. L'intérieur du four est garni de briques réfractaires que traverse l'air qui va s'oxyder. Les gaz nitrés formés s'échappent à travers un conduit le long de l'enveloppe du four qui est elle aussi garnie de briques réfractaires. Le champ magnétique est dû à un puissant électro-aimant créé par un courant continu.

La régularité est telle que l'appareil peut marcher pendant des semaines sans que l'on ait à y toucher. Les électrodes en cuivre, refroidies par un courant d'eau, n'ont besoin d'être changées que toutes les trois ou quatre semaines. Quant aux briques, elles sont remplacées tous les quatre ou six mois. La température de la flamme dépasse 3000°, celle des gaz sortants oscille entre 800 et 1000°. Les premiers fours ne consommaient que quelques chevaux-vapeur; ceux qui fonctionnent actuellement en dépensent plus de 3,000. Les courants utilisés sont des courants alternatifs triphasés, et les fours réunis par groupes de trois utilisent chacun l'une des phases.

A leur sortie des fours, les gaz nitrés sont conduits dans des chaudières où la température est réduite. La vapeur produite dans ces chaudières sert aux opérations ultérieures. De là, le gaz passe dans le réfrigérant, constitué par un grand nombre de tubes en aluminium traversés par un courant d'eau froide. Les gaz, suffisamment refroidis, vont dans les chambres d'oxydation, dans lesquelles l'oxyde nitrique se transforme en peroxyde d'azote, pour, de là, pénétrer dans les tours d'absorption, où un lavage méthodique permet d'obtenir de l'acide nitrique à 40 p. 100, acide qu'un lait de chaux transforme en nitrate de calcium que l'on n'aura plus qu'à faire cristalliser. Les produits nitrés qui n'ont pas été arrêtés dans ces premières chambres sont envoyés dans des tours spéciales où ils rencontrent soit un lait de chaux, soit une solution de carbonate de sodium qui donnent du nitrite de calcium ou de sodium. Le nitrate d'ammoniaque est aussi fabriqué à Notodden.

Pour le développement de l'industrie de l'azote, la question de l'eau est capitale. Aussi les deux savants norvégiens se rendant compte qu'elle n'aurait quelques chances de concurrencer le nitrate du Chili

que si l'on avait une grande puissance hydraulique à très bon marché,
cherchèrent-ils, dans leur pays si riche en chutes d'eau, un endroit
où ils disposeraient d'une grande puissance et d'où ils pourraient
facilement exporter leurs produits. L'endroit rêvé se trouva au voisinage de la petite bourgade de Notodden (Sud-Est de la Norvège). Je
ne puis, au risque d'allonger par trop cette réunion, vous décrire les
installations qui ont fait de cette région, presque déserte il y a quelques années, un pays où se trouve tout le confort moderne et où une
agglomération de plus de 12,000 habitants a remplacé les quelques
huttes qui s'y trouvaient alors. Il me suffira de vous citer quelques
chiffres concluants donnés par M. Eyde lui-même au Congrès de
Chimie appliquée de Washington, en y ajoutant quelques indications
publiées ultérieurement.

DATES	USINES	ÉNERGIE UTILISÉE	OUVRIERS
Juillet. . 1903 .	Frognerkillens . .	25 HP . . .	2
Octobre . 1903 .	Ankerlökken . . .	150	10
Septembre 1904 .	Vasmoën.	1,000	20
Mai . . . 1905 .	Notodden.	2,500	35
Mai . . . 1907 . {	Notodden. .) Svaelgfos. .)	42,500	403
Novembre 1911 . {	Notodden .) Svaelgfos. . (Lienfos . . (Rjukan . .)	200,000.	1,340
Novembre 1915 . {	Notodden, 32 fours utilisant 600 à 1,000 kw. chacun. Saaheim, 8 — 3,500 kw.		

Est-ce à dire que MM. Birkeland et Eyde n'aient pas rencontré de
difficultés? Ce serait évidemment exprimer une contre-vérité, et
M. Eyde lui-même déclare que le succès de l'entreprise a été dû à ce
qu'il a employé des hommes jeunes et qu'il ne s'est pas arrêté aux
critiques des hommes qualifiés « *autorités* ».

Ajoutons enfin, pour terminer ce rapide exposé, que M. Eyde rend
justice aux capitalistes français : la Banque de Paris, la maison Roth-
schild et la Société Générale, grâce auxquelles la Société de l'Azote a
pu être créée.

Si nous passons maintenant à la question rendement du procédé, nous trouvons les nombres suivants : alors qu'en 1907 on exportait 1,344 tonnes de nitrate de chaux, on en obtenait près de 80,000 en 1914, et la mise en marche de nouveaux fours devait doubler la production en 1916. Le prix de revient de la tonne de nitrate de calcium oscillerait entre 107 et 126 francs la tonne. Le kilogramme d'azote fixé exigerait environ 62 kw.-h. Si l'on admet que le cheval-an à Notodden ne dépasse pas le prix de 14 à 15 francs (sans tenir compte bien entendu des intérêts des capitaux engagés), il résulterait, par un calcul bien simple dont je vous fais grâce, que 1 kilogramme d'azote fixé nécessite une dépense d'environ 14 centimes. Nous sommes loin des 40 centimes théoriques du procédé Bradley.

FIG. 1. — *Four Schönherr*.

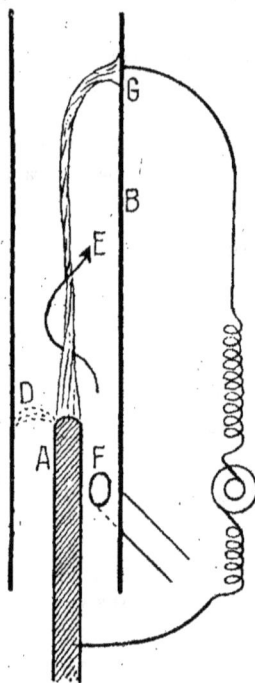

Coupe verticale schématique.

FOUR SCHÖNHERR. — Les résultats globaux que je viens de vous donner sur la fabrication des nitrates à Notodden, n'ont pas, je dois le dire pour être tout à fait exact, été obtenus seulement avec le four Birkeland-Eyde. Depuis quelques années, en effet, un nouveau type de four a été mis en marche : c'est le four Schönherr-Hessberger, de la Badische Anilin und Soda Fabrik.

A l'arc étalé sous forme de disque du four Birkeland-Eyde, va se trouver substituée une flamme très longue pouvant atteindre plusieurs mètres de haut et d'une extrême fixité. Ce résultat est d'ailleurs obtenu d'une manière fort simple : un tube métallique B *(fig. 1)* constitue l'une des électrodes, l'autre étant une tige A concentrique au tube. L'arc tend à jaillir en D entre les parties les plus rapprochées. Si un courant d'air parcourt le tube de bas en haut, il aura simplement pour effet de déplacer l'arc vers le haut, de le souffler. Si ce courant d'air est en spirale, et on obtient facilement ce résultat au moyen d'une buse C disposée obliquement et tangentiellement à la partie inférieure, l'arc n'est plus soufflé, il s'allonge, se localise dans l'axe du tube, devient filiforme et acquiert une très grande fixité. Durant ce trajet (de F en G), l'air s'est échauffé et, suivant la température, une proportion plus ou moins grande d'oxyde azotique s'est formée. Mais alors, l'air chaud est suffisamment conducteur pour traverser l'arc dont l'extrémité supérieure se fixe en une région du tube tout en se déplaçant horizontalement sous l'action du courant d'air en spirale. L'aspect est tel qu'un œil placé au-dessus du tube et regardant suivant la direction de l'axe verrait un rayon de lumière tourner autour de cet axe d'un mouvement régulier. Avec plusieurs buses convenablement placées, de façon que leurs effets s'ajoutent, la flamme a une fixité parfaite. Les avantages de ce dispositif se voient bien facilement : on peut amener au contact de l'arc de grandes quantités d'air dans un temps très court par suite de la grande longueur de l'arc et du renouvellement des surfaces du contact; de plus, chaque particule d'air est immédiatement et énergiquement refroidie par la masse d'air environnante. Aussi, ces avantages se traduisent-ils par une augmentation dans la teneur des gaz en oxyde d'azote. Des nombres publiés résulte ce fait que 1 kilogramme d'azote nécessite, pour être fixé, 59 kw.-h., nombre légèrement inférieur à celui donné par le four Birkeland.

Je n'insiste pas sur les autres parties de l'appareil qui permettent le refroidissement rapide des gaz, leur oxydation et leur absorption. Le principe est le même que pour le four précédent. D'ailleurs, depuis quelques années, la Compagnie de l'Azote se sert indifféremment des deux fours que nous venons de décrire, une entente s'étant établie entre les propriétaires de ces deux brevets : la Compagnie de l'Azote et la Badische Anilin.

Les deux procédés précédents doivent surtout leur importance à ce fait que l'énergie électrique utilisée est à un prix extrêmement faible, car, des études faites, il résulte que l'on n'utilise que 3 p. 100 de l'énergie pour la formation de l'oxyde azotique. Les 97 autres centièmes servent à échauffer l'eau du réfrigérant, des chaudières, ou sont perdues par rayonnement et conductibilité. Il semble donc, par suite, que cette méthode d'oxydation de l'azote ne soit possible que dans des pays où, comme en Norvège, la puissance hydraulique est à un prix extrêmement bas. Néanmoins, l'on a essayé de monter des usines à acide nitrique ailleurs qu'en Norvège; mais, afin d'obtenir des résultats plus économiques, on a cherché des variantes à nos deux fours pouvant être utilisés avec des forces hydrauliques bien moindres.

Four Pauling. — L'un des types les plus intéressants est le four Pauling (*fig. 2*) qui fonctionne en France, à La Roche-de-Rame dans les Hautes-Alpes. Il est constitué essentiellement par deux électrodes en fer de forme spéciale qui, vues de coupe, affectent la forme d'un V, comme le montre la figure ci-jointe. Ces électrodes sont placées dans une chambre à la partie inférieure de laquelle arrive l'air qui s'échappe par un conduit ménagé à la partie supérieure, après s'être oxydé au contact de l'arc qu'il a contribué à souffler. Dans le four sont deux séries d'électrodes montées en série. Entre les deux arcs passe un tube dans lequel on fait arriver de l'air déjà oxydé et qui ayant une pression inférieure à celle de l'air normal, produit un léger vide qui contribue au

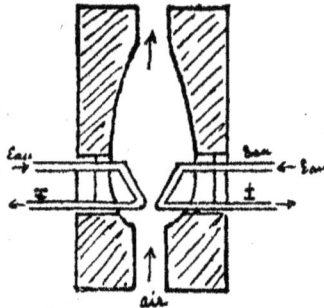

FIG. 2. — *Four Pauling.*

soufflage de l'arc. Ce four, extrêmement simple, peut utiliser des puissances très variables. A l'usine de Patsch, près d'Innsbruck, on dispose de 15,000 chevaux, alimentant vingt-quatre fours de 400 kw. chacun. En France, à La Roche-de-Rame, la Société le Nitrogène possédait en 1913 deux fours de 600 HP et en construisait neuf de 1,000 HP.

M. Pauling garantit une production de 60 grammes d'acide nitrique à 100 p. 100 par kw.-h. d'énergie électrique mesurée à l'entrée dans l'usine de la canalisation électrique, et il affirme que l'installation de son procédé coûte 120 francs le kw.-an. Si, à l'aide de ces données, nous cherchons quel est le nombre de kilowatts-heure nécessaire pour obtenir 1 kilogramme d'azote combiné, nous trouvons 75 kw.-h., c'est-à-dire que le procédé Pauling est à ce point de vue légèrement inférieur aux procédés Birkeland ou Schönherr; mais, comme par ailleurs sa construction est plus simple et qu'il est plus facile à mettre en marche, cet appareil peut dans bien des cas être utilisé, et ne faut-il pas s'étonner si l'on s'en sert dans un certain nombre d'usines en Europe et en Amérique.

PROCÉDÉ KILBURN-SCOTT. — Tous les fours que nous venons de passer en revue fonctionnent soit avec des courants monophasés, soit avec des courants triphasés, mais, dans ce dernier cas, chaque four n'emploie qu'une seule phase. Nous allons terminer cette causerie, déjà bien longue, en vous signalant un nouveau four qui peut être considéré jusqu'à un certain point comme une modification du four Pauling, mais qui utilise les trois phases d'un courant alternatif triphasé. Ce four a pour auteur un Anglais, M. Kilburn-Scott. Chose curieuse et que je n'hésite pas à vous faire connaître, au risque d'allonger mon exposé de quelques minutes, Kilburn-Scott, en 1913, regrettait que l'Angleterre n'eût pas son industrie des nitrates, ce qui la mettait sous la dépendance des autres pays, et il ajoutait : « En cas de guerre, nous serions certainement dans une très fâcheuse position, car, alors que la plupart des pays du continent ont des usines pour la fixation de l'azote de l'air, nous n'en fabriquons pas pour un liard dans notre pays. Il ne faut pas oublier qu'à l'époque des guerres de Napoléon, il était difficile d'obtenir le salpêtre servant à la fabrication de la poudre, et il ne faut pas que nous tombions dans le même cas. Quelques coups de nos canons modernes dépensent plus d'azote qu'il n'en fut employé durant les guerres du siècle dernier, et la nécessité s'impose de posséder des usines fabriquant la totalité de nos explosifs, complètement affranchies d'une tutelle quelconque quant aux matières premières. Alors même que le produit obtenu serait d'un prix plus élevé que celui offert par l'étranger, il ne faut pas perdre de vue qu'il constitue un gage d'assurance nationale en cas de guerre, ce qui suffit pour justifier pleinement l'établissement d'usines pour la fixation de l'azote de l'air. »

Ces paroles, presque prophétiques, ne devaient pas tarder à recevoir une terrible confirmation. Kilburn-Scott, s'étant mis à l'œuvre, imagina un four pour l'établissement duquel il posa les principes suivants :

1° Faire que l'air, autant que possible, soit en contact avec les flammes de l'arc ;

2° Enlever rapidement et refroidir le gaz formé ;

3° Disposer les électrodes de manière à réduire au minimum leur mise en place et leur renouvellement ;

4° Établir un réglage automatique du courant et la continuité du travail.

Partant de là, Kilburn-Scott construit le four dont vous voyez la reproduction schématique (*fig. 3*) : une chambre tronconique à la base de laquelle on fait arriver l'air ou un mélange convenablement dosé et réchauffé d'azote et d'oxygène; contre les parois sont disposées trois électrodes inclinées entre lesquelles jaillissent les arcs qui s'étalent et montent le long de ces mêmes électrodes, sous la double action de leur propre champ et du courant d'air ascendant. L'énergie électrique est donnée par un courant triphasé et comme, pour une période donnée, on a trois fois autant d'arcs dans un temps donné que dans le cas d'un courant monophasé, l'énergie est bien mieux utilisée. La plus grande masse de la flamme triphasée permet d'amener plus d'air en contact, de telle sorte qu'avec des frais généraux moindres, on pourrait obtenir de plus grandes quantités d'acide nitrique ; et alors même qu'on paierait le kilowatt plus cher qu'en Norvège, Kilburn croit qu'en Angleterre des usines pourraient faire des bénéfices. Il estime par exemple qu'en s'installant près des houillères on pourrait avoir le kilowatt-heure à 0,1 penny (environ 1 centime) en tablant sur un service continu de 8,760 heures par an. Il ne m'est malheureusement pas possible de vous dire ce qu'ont donné les essais faits avec le four Kilburn, puisqu'il n'a été essayé qu'en 1916, et que, à ma connaissance au moins, rien n'a été publié à leur sujet.

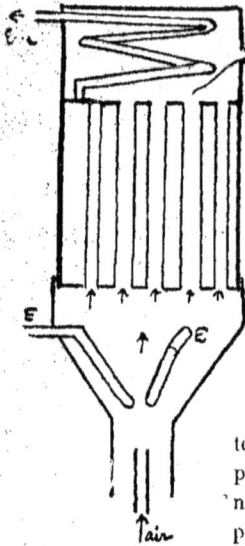

Fig. 3.

Four Kilburn-Scott.

Messieurs, j'ai fini; mais qu'il me soit permis en terminant de prendre à mon compte les paroles de Kilburn-Scott et de répéter après lui, en l'appliquant à notre pays : Il faut que nous aussi, en France, nous ayons notre industrie des nitrates; nous le pouvons d'autant mieux que nous avons des chutes d'eau dans les Alpes et dans les Pyrénées. Si nous sommes en retard, il faut rattraper le temps perdu, car l'avenir est à l'électrochimie et aussi à l'électrométallurgie.

Conférence du 16 mars 1918.

La synthèse de l'ammoniac;

Par M. M. VÈZES.

MESSIEURS,

La synthèse du gaz ammoniac, — dont la solution aqueuse constitue l'ammoniaque, — aux dépens de l'azote emprunté à l'air et de l'hydrogène emprunté à l'eau, peut s'effectuer par voie directe ou par voie indirecte. La voie directe, qui va former l'objet de cette étude, consiste à réaliser la réaction

$$N^2 + 3 H^2 = 2NH^3.$$

Pour pouvoir en étudier les conditions de possibilité, il paraît utile de rappeler ici, en les généralisant et en les complétant sur certains points, les notions d'équilibre chimique auxquelles nous a conduit récemment l'étude des synthèses du peroxyde d'azote NO^2 et du bioxyde d'azote NO.

Considérons un composé AB, susceptible d'être obtenu par l'union de ses composants A et B, conformément à l'équation chimique

$$A + B = AB.$$

Supposons que, dans des conditions déterminées, un équilibre s'établisse entre le composé AB et les produits, A et B, de sa décomposition. Le mélange en équilibre contiendra alors du corps A, du corps B et du corps AB; désignons par x la teneur de ce mélange en corps AB, c'est-à-dire le poids (ou le volume) du corps AB contenu dans 100 parties en poids (ou en volume) de ce mélange. Cette variable x, qui définit la composition du mélange en équilibre, varie avec la température t et avec la pression P : les lois du déplacement de l'équilibre vont nous indiquer dans quel sens se produit cette variation.

Sous pression constante, par exemple sous la pression atmosphérique, le sens dans lequel varie x, lorsque t varie, nous est donné par l'effet thermique de la synthèse du composé AB. Si la réaction $A + B = AB$ dégage de la chaleur, si le composé AB est exothermique, x décroît lorsque t augmente. Dans un diagramme où t est porté en abscisse et x en ordonnée, de 0 (mélange A + B) à 100 (composé AB), la courbe représentative de cette variation descend de gauche à droite. Si au contraire la synthèse A + B = AB absorbe de la chaleur, si le composé AB est endothermique, x croît avec t, et, dans un diagramme tout semblable, la courbe représentative de cette variation monte de gauche à droite.

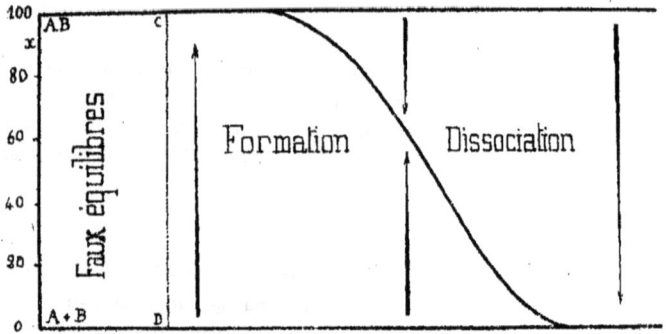

FIG. 1. — *Formation et dissociation d'un composé exothermique sous pression constante.*

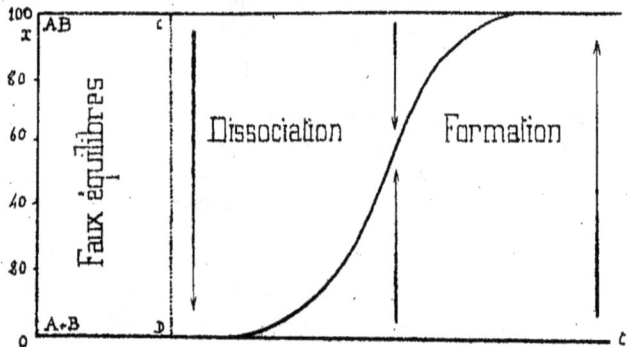

FIG. 2. — *Formation et dissociation d'un composé endothermique sous pression constante.*

À température constante t, le sens dans lequel varie x, lorsque P varie, nous est donné par le sens de la variation de volume qui accompagne la synthèse du composé AB. Si cette synthèse s'effectue avec contraction, x croit lorsque P augmente. Dans les diagrammes ci-dessus, un accroissement de pression a donc pour effet, dans ce cas, de déplacer les courbes d'équilibre en les éloignant de l'axe des tem-pératures, et par conséquent en refoulant vers la droite la courbe d'équilibre d'un composé exothermique, vers la gauche la courbe d'équilibre d'un composé endothermique. Au contraire, s'il s'agissait d'un composé formé sans contraction ni dilatation, les variations de pression (sans variation de température) n'auraient pas d'influence sur son état d'équilibre.

La courbe d'équilibre sous pression constante, que nous venons de définir, sépare deux régions du diagramme : à sa droite, le composé AB se dissocie s'il est exothermique ; il se forme au contraire par l'union de ses composants A + B s'il est endothermique. A sa gau-che, le composé AB se forme s'il est exothermique, il se dissocie s'il est endothermique.

D'autre part, ces régions, vers les basses températures, font place à une région de faux équilibre où, par suite de ce qu'on peut appeler le frottement chimique, le composé ne peut plus ni se former ni se dissocier, où un mélange de A, de B et de AB reste en équilibre quelle que soit sa composition. La ligne CD, qui limite cette région de faux équilibre, est en général mal connue, comme nous l'avons vu dans le cas du bioxyde d'azote ; à défaut de détermination précise, et comme première approximation, nous la tracerons perpendiculaire à l'axe des températures.

Cette ligne limite de faux équilibre, qui diffère d'une courbe d'équi-libre en ce qu'elle ne marque pas la limite de deux réactions inverses, en diffère aussi par sa sensibilité à l'action des catalyseurs. On sait que l'on désigne ainsi les substances qui, ajoutées en proportion minime à un système de corps capables de réagir l'un sur l'autre, accélèrent leur réaction, ou la provoquent dans des conditions où elle ne se fût pas produite spontanément, sans subir eux-mêmes d'altéra-tion apparente. C'est ainsi qu'un mélange de bioxyde d'azote et d'oxy-gène ne donne de peroxyde d'azote, à température ordinaire et sous pression normale, que s'il est légèrement humide ; à l'état parfaite-ment sec, les deux gaz ne réagissent plus. On voit que, sous pression normale et pour la réaction $2NO + O^2 = 2NO^2$, la ligne limite de faux équilibre correspond à une température supérieure à la température ordinaire, et que l'eau, agissant comme catalyseur, la déplace vers les basses températures. Le rôle d'un catalyseur, dans un système où toute transformation est empêchée par le frottement chimique, peut être comparé à celui de la goutte d'huile qui, mise au bon endroit d'un système mécanique, en atténue le frottement et lui permet de se mettre en marche.

.·.

Revenons maintenant à la synthèse du gaz ammoniac, et, éclairés sur la signification et la disposition relative des régions de formation, de dissociation et de faux équilibre qui caractérisent une réaction déterminée, examinons ce qu'enseigne l'expérience sur la réaction

$$N^2 + 3H^2 = 2NH^3.$$

Au-dessous de 1000° environ, et sous la pression atmosphérique normale, aucune réaction n'est réalisable dans les systèmes que définit

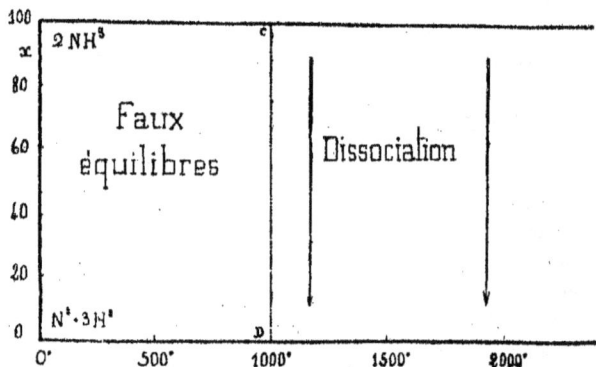

FIG. 3. — *Formation et dissociation de NH³ sous la pression atmosphérique normale.*

cette équation; le mélange $N^2 + 3H^2$ n'éprouve aucune combinaison, le gaz ammoniac ne subit aucune dissociation, un mélange intermédiaire reste en équilibre quelle que soit sa composition. Donc la région de faux équilibre, pour la réaction dont nous venons d'écrire l'équation, s'étend jusqu'à 1000° environ; la ligne CD, qui limite cette région, est voisine de 1000°.

Au delà de cette limite, au contraire, et jusqu'aux températures les plus élevées qu'il ait été possible de réaliser, le gaz ammoniac se dissocie intégralement, l'azote et l'hydrogène ne se combinent pas. La région située à droite de la ligne CD est donc la région de dissociation; et le point C marque la limite supérieure de stabilité du gaz ammoniac.

Pour voir auquel des deux cas étudiés plus haut se rattache le cas actuel, examinons quel est l'effet thermique de la synthèse du gaz ammoniac. Ce n'est pas, cela va sans dire, par une mesure calorimétrique directe qu'il est possible de déterminer cet effet thermique; c'est par voie indirecte qu'il peut être mesuré, par exemple en déterminant comparativement les quantités de chaleur dégagées par la combustion complète du gaz ammoniac et des produits de sa décomposition. L'expérience, réalisée par Berthelot ([1]), a donné les nombres suivants :

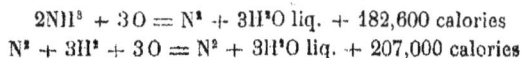

$$2NH^3 + 3O = N^2 + 3H^2O \text{ liq.} + 182,600 \text{ calories}$$
$$N^2 + 3H^2 + 3O = N^2 + 3H^2O \text{ liq.} + 207,000 \text{ calories}$$

d'où par différence :

$$N^2 + 3H^2 = 2NH^3 + 207,000 - 182,600 \text{ cal. ou} + 24,400 \text{ cal.}$$

L'ammoniac est donc un composé exothermique, d'où il suit que sa région de dissociation est à droite de sa courbe d'équilibre. Ce n'est donc qu'au-dessous de 1000°, sous la pression atmosphérique normale, qu'il serait possible d'observer la formation, même incomplète, du gaz ammoniac; la courbe d'équilibre du gaz ammoniac est, sous cette pression, entièrement masquée par les phénomènes de faux équilibre.

Quelle sera l'influence de la pression sur cet équilibre? Dans la réaction de synthèse du gaz ammoniac, quatre molécules ($N^2 + 3H^2$) donnent 2 molécules de gaz ammoniac; il y a donc contraction de moitié, de sorte qu'un accroissement de pression favorise la formation du gaz ammoniac. La courbe d'équilibre — masquée par les phéno-

([1]) *Ann. chim. phys.*, 3ᵉ série, t. XX, p. 252, 1880.

mènes de faux équilibre — dont nous venons de déterminer le sens,
est donc déplacée vers le haut — et par suite vers la droite, quand on
fait croître la pression. L'importance de la contraction observée
(50 p. 100) nous permet en outre de prévoir que ce déplacement doit
être notable.

Jusqu'à présent, nous ne possédons que des renseignements quali-
tatifs sur cette courbe d'équilibre dont le frottement chimique nous
empêche de déterminer par l'expérience la position exacte, et dont la
connaissance est indispensable pour prévoir les conditions de possibilité de la synthèse de l'ammoniac. Ne pourrions-nous déterminer quan-
titativement sa situation?

Les lois du déplacement de l'équilibre sont des lois qualitatives,
d'origine expérimentale; traduites en langage mathématique, elles
reviennent à dire que la dérivée partielle $\frac{\partial x}{\partial t}$ est de signe contraire au
dégagement de chaleur qui accompagne la synthèse du composé, et
que, de même, la dérivée partielle $\frac{\partial x}{\partial P}$ est de signe contraire à l'augmentation de volume qui accompagne la même réaction. On est
conduit par là à chercher à déterminer la relation mathématique
$\Phi(x, t, P) = 0$ qui permettrait de calculer, pour toutes valeurs de
t et P, la composition x du mélange en équilibre à cette température t
et à cette pression P. Cette relation, c'est aux principes de la Thermo-
dynamique — Principe de l'équivalence, Principe de Carnot — que
Horstmann (1873) en Allemagne, J. W. Gibbs (1876) aux États-Unis,
l'ont empruntée, en associant à ces principes les hypothèses suivantes (nous nous restreignons ici au cas de systèmes entièrement
gazeux) :

1° Les gaz que contient le système se comportent comme des gaz
parfaits, c'est-à-dire que :

a) Le volume V occupé par leur masse moléculaire (en grammes)
à la température absolue T et sous la pression P est donné par la relation PV = RT, R étant une constante (de même espèce qu'un travail)
dont la valeur est 0,0821 litres-atmosphères ou 8,316 joules;

b) Leur énergie interne n'est fonction que de la température.

2° Un mélange des gaz que contient le système, quelles qu'en soient
les proportions, se comporte comme un gaz parfait unique.

3° La diffusion, l'un dans l'autre, de deux de ces gaz (pris à la même température et à la même pression) n'est accompagnée d'aucun effet thermique.

4° La pression totale qui assure l'équilibre, sous le volume V, et à la température t_1, d'un mélange des gaz parfaits considérés, est la somme des pressions partielles qui maintiendraient respectivement en équilibre, sous le même volume V, et à la même température t_1, chacun des gaz mélangés (loi du mélange des gaz).

Les principes et les hypothèses qui ont servi de bases aux calculs de Horstmann et de Gibbs ayant été ainsi rappelés, laissons de côté ces calculs eux-mêmes pour arriver immédiatement aux résultats qu'ils ont fournis, en les appliquant à la synthèse du gaz ammoniac :

$$N^2 + 3H^2 = 2NH^3.$$

Dans un mélange d'azote, d'hydrogène et de gaz ammoniac en équilibre sous la pression P et à la température absolue T, soient p, q, r les pressions partielles de ces trois gaz, définies comme dans l'hypothèse 4° ci-dessus (p pour l'azote, q pour l'hydrogène, r pour l'ammoniac). On a en vertu de cette hypothèse :

$$p + q + r = P.$$

Formons une fraction dont le numérateur sera le produit des pressions partielles des corps figurant dans le 2e membre de l'équation chimique, affectée chacune d'un exposant égal au nombre de molécules de ce corps figurant dans ce 2e membre (ce numérateur, dans le cas actuel, sera r^2), et dont le dénominateur sera formé de la même manière au moyen des corps figurant dans le 1er membre de l'équation chimique (ce dénominateur sera ici pq^3). La condition d'équilibre du système, à la température T, consiste à écrire que cette fraction ne dépend que de cette température T ; elle s'écrira, dans le cas actuel :

(I) $$\frac{r^2}{pq^3} = f(T).$$

Cette relation définit l'équilibre isotherme de notre système ; la loi du déplacement de l'équilibre par variation de pression en est un cas particulier ([1]). Elle nous permet aussi de voir comment le rendement en ammoniac, qui est proportionnel à r, dépend des proportions relatives du mélange initial d'azote et d'hydrogène; la fraction $\frac{r^2}{pq^3}$ ayant, à température donnée, une valeur constante, le numérateur sera maximum en même temps que le dénominateur pq^3, et l'on sait que ce produit est maximum lorsque $q = 3\,p$; le rendement sera donc optimum lorsqu'on aura mélangé un volume d'azote et trois volumes d'hydrogène, mesurés dans les mêmes conditions.

Reste à connaître la fonction $f(T)$, qui définit l'influence de la température sur l'état d'équilibre. La théorie dont nous exposons ici les résultats définit cette fonction par l'équation différentielle

(II) $$\frac{d}{dT}[\log. \text{nép.}\ f(T)] = -\frac{JQ}{RT^2}$$

dans laquelle J est l'équivalent mécanique de la calorie, $J = 4,189$ joules, et Q est le nombre de calories dégagé par la réaction (effectuée sur les quantités de matière que symbolise l'équation chimique) à la température absolue T.

De cette relation, la loi du déplacement de l'équilibre par variation de température est un cas particulier : on voit en effet que $\frac{\partial x}{\partial t}$ est de même signe que $\frac{\partial r}{\partial t}$, c'est-à-dire que $\frac{df(T)}{dT}$ ou que $\frac{d}{dT}[\log. \text{nép.}\ f(T)]$, et enfin qu'il est de signe contraire à la quantité de chaleur Q dégagée par la synthèse du composé.

Les relations (I) et (II) suffiraient à définir complètement la courbe

---

([1]) Supposons en effet que, la température T restant constante, la pression P soit doublée et devienne 2 P. Sera-t-il possible que les proportions des trois gaz dans le mélange ne soient pas modifiées? S'il en était ainsi, les pressions partielles deviendraient $2\,p$, $2\,q$, $2\,r$, et la fraction, dont la valeur doit rester constante, deviendrait $\frac{4\,r^2}{16\,pq^3}$, c'est-à-dire 4 fois plus petite. Il faut donc que les proportions des trois gaz dans le mélange soient modifiées, et cela dans un sens tel que la fraction croisse, c'est-à-dire que $2\,r$ augmente tandis que $2\,p$ et $2\,q$ diminuent. Une augmentation de pression favorise donc bien la synthèse du gaz ammoniac, et l'on voit que le sens de cette influence est bien donné par le degré de la fraction $\frac{r^2}{pq^3}$, c'est-à-dire par le signe de la variation de volume qui accompagne la réaction.

d'équilibre ([1]) d'une réaction chimique dont on connaît l'effet thermique Q ainsi que sa loi de variation avec la température ([2]), si l'intégration de l'équation (II) n'introduisait pas, dans l'équation de cette courbe, une constante dont la valeur doit être fournie par l'expérience. Habituellement, la détermination expérimentale d'un point de la courbe — c'est-à-dire de la valeur de x qui assure l'équilibre à une température t et à une pression P choisies arbitrairement — suffit pour déterminer cette constante, et pour permettre de tracer la courbe tout entière. Mais, dans le cas de la synthèse du gaz ammoniac, cette ressource fait défaut, puisque le frottement chimique met obstacle à toute réaction aux températures où l'équilibre devrait pouvoir être observé.

Cette difficulté se trouve heureusement résolue par une observation

---

([1]) La courbe d'équilibre $x = \varphi(t)$ relative à une valeur donnée de P, — ou mieux la surface d'équilibre $\Phi(x, t, P) = o$ qui, dans l'espace défini par les trois axes rectangulaires ox, ot, oP, symbolise simultanément l'influence de la température et celle de la pression sur l'équilibre du système, — se déduisent des équations (I) et (II) au moyen des relations qui, dans chaque cas particulier, relient la composition x du système aux pressions particlles p, q, r. Dans le cas étudié plus haut, où nous avons supposé réalisée la condition $q = 3 p$ de rendement maximum, on a évidemment, en appelant x le *volume* de gaz ammoniac contenu dans 100 volumes du mélange en équilibre :

$$\frac{x}{r} = \frac{1/4 \, (100 - x)}{p} = \frac{3/4 \, (100 - x)}{q} = \frac{100}{P}$$

d'où

$$\frac{r^2}{pq^3} = \frac{4^4}{3^3} \cdot \frac{100^2}{P^2} \cdot \frac{x^2}{(100 - x)^4} .$$

Si x représentait la proportion d'ammoniac en *poids* dans le mélange en équilibre, on aurait de même

$$\frac{x}{r} = \frac{1/2 \, (100 - x)}{p} = \frac{3/2 \, (100 - x)}{q} = \frac{200 - x}{P}$$

d'où

$$\frac{r^4}{pq^4} = \frac{2^4}{3^3} \cdot \frac{1}{P^2} \cdot \frac{x^2 (200 - x)^2}{(100 - x)^4} .$$

Ces transformations permettent de faire de l'égalité (I) une relation entre x, t, P, qui, une fois déterminée la fonction $f(T)$ par intégration de l'équation (II), devient l'équation $\Phi(x, t, P) = o$ de la surface d'équilibre.

([2]) Cette loi de variation est fournie par la règle suivante : l'accroissement $Q - Q_t$ que subit l'effet thermique Q d'une réaction, entre la température T_t à laquelle il a été mesuré et la température T plus élevée à laquelle on désire connaître sa valeur, est le produit de l'écart $T - T_t$ par l'excès $C' - C$ de la capacité calorifique C' du mélange réagissant sur celle C du produit de la réaction, l'un et l'autre étant pris sous les quantités figurant dans l'équation de la réaction.

faite dès 1888 par M. H. Le Chatelier, et qui a été reprise et précisée par W. Nernst en 1906 : en des équilibres chimiques analogues, la constante d'intégration possède des valeurs numériques peu différentes. En permettant de déterminer par analogie la valeur de cette constante pour le cas de la synthèse du gaz ammoniac, cette observation a permis de calculer, pour diverses valeurs de la pression P, les coordonnées des points de sa courbe d'équilibre. Le tableau ci-dessous donne les résultats de ce calcul pour les pressions de 1 atmosphère, 100 atmosphères et 200 atmosphères, et pour un mélange initial en

TEMPÉRATURE CENTIGRADE t.	Poids x de gaz ammoniac contenu dans 100 gr. du mélange en équilibre sous une pression de		
	1 ATM.	100 ATM.	200 ATM.
27°	98,1	99,8	99,9
327°	3,2	64,2	73,9
500°	0,12	10,2	17,8
700°	0,02	2,0	4,1

proportions théoriques (1 volume d'azote pour 3 vol. d'hydrogène). On voit par ces nombres que, n'était le frottement chimique qui,

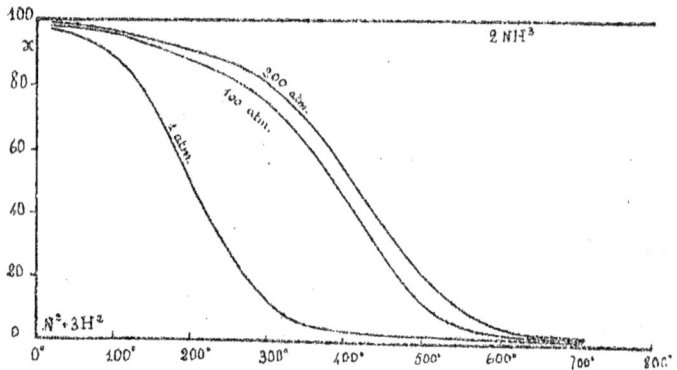

Fig. 4.

au-dessous de 1000°, met obstacle à la combinaison de ces deux éléments, il suffirait de les mélanger à la température ordinaire pour obtenir leur transformation presque intégrale en ammoniac. Ils montrent aussi — et le diagramme qui les résume montre mieux encore — l'accroissement très notable de rendement qui résulterait de l'emploi d'une forte pression, comme nous ont déjà permis de le prévoir la loi du déplacement de l'équilibre et l'importance de la contraction qui accompagne la formation du gaz ammoniac.

* *

L'étude théorique de la synthèse du gaz ammoniac étant ainsi faite, on voit ce qu'il reste à faire pour réaliser cette synthèse : chercher un catalyseur qui abaisse suffisamment, au-dessous de 1000°, la ligne limite de faux équilibre, et qui, par suite, provoque, à température assez peu élevée, la combinaison de l'azote et de l'hydrogène ; une fois ce catalyseur trouvé, opérer sous pression pour accroître le rendement en ammoniac. Tel est le programme qu'a très judicieusement proposé, dans un brevet français datant de septembre 1901, M. H. Le Chatelier ; mais ce n'est que quelques années plus tard, en 1904, que ce programme a reçu un commencement de réalisation. Les longs et patients tâtonnements qu'exige la recherche d'un catalyseur n'ont pas effrayé le professeur Haber, de Carlsruhe, qui, aidé de ses élèves van Oordt (1905), et Le Rossignol (1908), a trouvé quelques substances (fer, osmium, carbure d'uranium) capables d'abaisser jusque vers 500° la ligne limite des faux équilibres du mélange $N^2 + 3H^2$. C'est lui aussi qui, grâce au concours puissant et éclairé de la Badische Anilin und Soda Fabrik, a résolu les multiples difficultés techniques que présente la construction d'un appareil capable de supporter, à la température de 550°, une pression de 175 atmosphères.

C'est ainsi qu'a été rendue industrielle une synthèse qui, au premier abord, semblait irréalisable, et qui eût certainement continué à le paraître si les progrès réalisés depuis quarante ans dans l'étude des équilibres chimiques n'avaient fourni les directions nécessaires à sa réalisation. C'est donc avec raison que l'on a pu dire que la synthèse de l'ammoniac à partir de ses éléments est le triomphe de la physico-chimie.

La synthèse de l'ammoniac
et sa transformation en acide nitrique;

Par M. A. RICHARD.

MESSIEURS,

Au début de cette causerie et avant de vous exposer les principales
méthodes industrielles de fabrication de l'ammoniaque, laissez-moi
vous demander de porter vos regards vers le tableau reproduit ci-
dessous indiquant les principales sources du sulfate d'ammoniaque
peu de temps avant la guerre actuelle :

PRINCIPALES SOURCES D'AMMONIAQUE :

		FRANCE (1913) $SO_4(NH_4)^2$
1° Eaux vannes de vidange.		12.200 tonnes
2° Houille (Usines à gaz		22.300 —
(Fours à coke.		37.500 —
3° Schistes et divers.		3.000 —
4° Tourbe (donnant par distillation 7 à 8 0/0 de son poids en SO_4Am^2).		(Pour mémoire.)

Vous pouvez ainsi constater qu'avant 1914 la France produisait
environ 75.000 tonnes de sulfate d'ammoniaque, et comme elle en
importait 20.000 tonnes, sa consommation de ce produit s'élevait à
95.000 tonnes. Ce nombre est très inférieur à ce qu'il devrait être, étant
donnée l'importance de notre agriculture et la surface de nos terres
labourables, 24 millions d'hectares. A la même époque, en effet, l'Allemagne consommait plus de 500.000 tonnes de sulfate d'ammoniaque
et l'Angleterre, avec une agriculture inférieure à la nôtre, dépensait
aussi 100.000 tonnes de cet engrais.

Si nous remarquons maintenant que, par oxydation, l'ammoniaque
peut être facilement transformée en acide nitrique, nous aurons, sans
qu'il soit besoin d'insister davantage, montré l'importance que nous,
Français, devons attacher à cette fabrication intensive de l'ammoniaque. Elle doit d'autant plus retenir notre attention que, comme nous
allons le voir, elle ne demande pas des forces motrices énormes et à
très bon marché, et que nous sommes très bien situés pour ne pas

nous laisser devancer ou distancer par nos concurrents alliés ou ennemis. Disons enfin que le sulfate d'ammoniaque se vendait avant la
guerre de 29 à 30 francs les 100 kilogrammes (il vaut actuellement
145 francs), ce qui amenait le prix du kilogramme d'azote ammoniacal
à *1 fr. 40* environ, c'est-à-dire à peu près le même prix que celui de
l'azote du nitrate du Chili.

Ces remarques faites, passons à l'examen des principales méthodes de fabrication synthétique de l'ammoniaque. Elles peuvent être
divisées en deux groupes bien distincts : dans le premier, l'azote et
l'hydrogène se combinent directement l'un à l'autre, c'est la synthèse
directe de l'ammoniaque par le procédé Haber; dans le second, l'ammoniaque n'est obtenue qu'indirectement en passant par l'intermédiaire de composés divers. Nous examinerons le procédé à la cyanamide
et le procédé des nitrures.

Procédé Haber. — Le procédé Haber, malgré son importance
capitale, ne nous retiendra que quelques instants, et vous en com-
prendrez bien vite la raison.

Au point de vue théorique, je n'ai rien à ajouter à l'exposé magis-
tral qui vient de vous être fait. Toutes les conditions qui doivent être
réalisées pour obtenir la combinaison directe de l'azote et de l'hydrogène vous ont été indiquées. Vous avez vu quel pouvait être, dans
cette synthèse, le rôle de la température, de la pression et de la substance catalysante.

Le côté pratique et économique du problème que je dois aborder
maintenant ne pourra malheureusement pas être étudié ici d'une manière
aussi précise, car bien des documents nous feront défaut. Le mémoire
fondamental de MM. Haber et Le Rossignol, au moyen duquel ces
savants ont pu intéresser la puissante Société allemande la *Badische
Anilin und Soda Fabrik* à leurs recherches synthétiques, n'a été
publié, en effet, dans la *Zeitschrift für Elektrochemie* que trois ans
et demi après la fin des travaux qu'il faisait connaître, exactement
le 15 janvier 1913. Les auteurs avouent d'ailleurs qu'ils ne
donnent qu'une partie de leurs résultats [1]. Les appareils dont nous

(1) « Les industriels comprendront pourquoi nous n'avons cru devoir publier ce
mémoire qu'à présent. Ce que nous donnons aujourd'hui n'est d'ailleurs qu'un
abrégé de l'original. Certains points (en particulier certaines déterminations quanti-
tatives) ont été volontairement laissés dans l'ombre. Tous les faits nouveaux trouvés
depuis trois ans et demi n'ont pas été reproduits ici. » (Haber et Le Rossignol.)

allons parler ne sont que des appareils de laboratoire, ceux avec
lesquels Haber a fait ses premières expériences dans son laboratoire
de Dahlem, près de Berlin, ou des variantes de ces derniers; mais
nous ne savons rien des appareils industriels qui venaient d'être
montés à Oppau, près de Ludwigshafen, lorsque la guerre mondiale
a éclaté en 1914. Je ne puis par suite, à mon grand regret d'ailleurs,
rien vous en dire, sinon qu'ils doivent fonctionner et donner de très
bons résultats. Si l'on en croit, en effet, le *Frankfürter Handelsblatt*,
la production d'ammoniaque synthétique en Allemagne, qui n'était en
1913 que de 20.000 tonnes et en 1914 de 60.000 tonnes, atteignait au
milieu de 1915 150.000 tonnes, pour s'élever en 1916 au moins jusqu'à 300.000 tonnes. Ce dernier chiffre, toujours d'après le journal
allemand, concernait seulement l'usine d'Oppau, c'est-à-dire ne com-
prenait pas les usines nouvelles qui devaient porter en 1917 la production totale à plus de 550.000 tonnes. D'après cela, les sources
d'azote en Allemagne pourraient alors être réparties de la façon suivante : nitrate de calcium, 400.000 tonnes ; sulfate d'ammoniaque,
700.000 tonnes ; ammoniaque synthétique, 500.000 tonnes. Faisons, si
vous le voulez bien, une large part au bluff toujours possible du
journal allemand, qui veut que tout soit colossal, mais il n'en reste
pas moins vrai que cette synthèse de l'ammoniaque semble devoir
après la guerre jouer un rôle considérable sur le marché des produits
ammoniacaux.

Puisque nous ne pouvons décrire les appareils industriels
mettant en œuvre le procédé Haber, disons quelques mots de ceux
qui les ont précédés au laboratoire et des résultats qu'ils ont permis
d'obtenir. Faisons remarquer en même temps que les recherches
d'Haber eurent, sur les travaux antérieurs, le grand mérite de montrer l'importance de la vitesse du courant gazeux sur le rendement
en gaz ammoniac; avant lui, en effet, on n'avait pas cherché dans
quelle proportion varierait le pourcentage en ammoniac lorsqu'on
donnerait aux gaz réagissants une vitesse convenable pour les
besoins industriels.

L'un des appareils construits par Haber pour réaliser la synthèse
du gaz ammoniac est constitué de la manière suivante *(fig. 1)*. Le catalyseur se trouve dans un tube métallique qui débouche d'un côté dans
un régénérateur de chaleur. Le mélange gazeux entre dans ce tube par
l'autre extrémité, il passe sur la substance de contact et, à travers le
régénérateur de chaleur, se dirige vers la pompe qui assure sa circu-

lation continue. Il revient en sens inverse enveloppant les tubes du régénérateur et le tube à réaction, à l'extrémité duquel il arrive enfin, et tout le cycle recommence. Pour empêcher la perte de chaleur par rayonnement, on peut envelopper tout l'appareil dans une substance mauvaise conductrice. Il y a lieu également de l'enfermer dans une enveloppe de résistance suffisante. Tout le système peut être soumis à une pression élevée. Le catalyseur est chauffé électriquement. Enfin, entre le régénérateur de chaleur et la pompe se trouve disposé un appareil à absorption ou à condensation pour le gaz ammoniac formé.

Pour vous permettre de vous faire une idée des dimensions de cet appareil, il me suffira de vous citer quelques chiffres : l'appareil entier est contenu dans une bombe en acier de 75 centimètres de hauteur dans laquelle est disposé un tube en fer ouvert à ses deux extrémités de 70 centimètres de longueur et de 32 millimètres de diamètre intérieur. C'est ce tube qui englobait à la fois la chambre de contact et le régénérateur. Ce dernier était lui-même constitué par 127 tubes capillaires parallèles, en acier, de $1^{mm}5$ de diamètre extérieur et de $1^{mm}1$ de diamètre intérieur. Quant à la chambre de contact, elle avait 25 millimètres de diamètre intérieur et 25 centimètres de longueur. Enfin, le tube de fer était séparé de la bombe par une garniture d'amiante très fortement comprimée.

C'est avec cet appareil que Haber a étudié pour un certain nombre de catalyseurs l'influence de la température, de la pression et de la vitesse du mélange gazeux sur le rende-

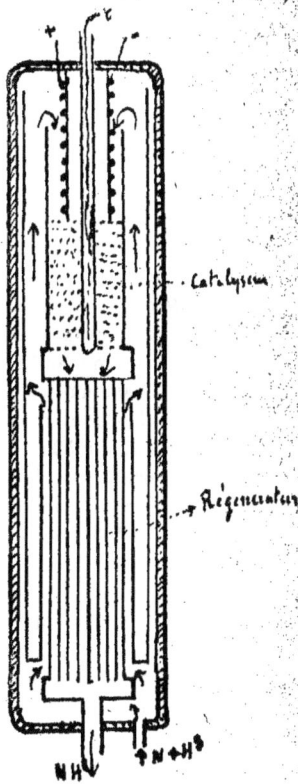

Fig. 1.

ment en ammoniac. Nous ne pouvons pas évidemment décrire les nombreuses expériences faites, nous nous contenterons d'indiquer les résultats fondamentaux obtenus avec les différents catalyseurs ; et, en comparant les nombres fournis par l'expérience à ceux qui ont été calculés, vous vous rendrez un compte exact de l'importance de ces expériences.

Le premier catalyseur étudié fut le cérium. En opérant à des températures variant entre 700° et 800°, sous une pression de 50 atmosphères et avec des vitesses du mélange gazeux allant de 10 à 150 litres par heure, le pourcentage en gaz ammoniac a toujours été très faible et inférieur à 1 p. 100. A 700°, avec une vitesse d'écoulement de 10 litres à l'heure, on obtient un rendement égal à 0,83 p. 100. Le cérium est un mauvais catalyseur.

Le lanthane et des alliages de cérium et de fer ou de manganèse donnent des résultats analogues.

Le manganèse étudié ensuite donna de meilleurs résultats. Le rendement en ammoniac atteignit et dépassa dans certains cas 3 p. 100. Les expériences fournissant les meilleurs pourcentages furent faites au voisinage de 600° avec une pression d'environ 175 kilogrammes par centimètre carré et une vitesse des gaz de 10 litres par heure.

Le tungstène examiné ensuite ne donna pas de meilleurs rendements, mais l'uranium manifesta un pouvoir catalyseur bien supérieur, puisque sous 190 atmosphères de pression et une vitesse horaire de 20 litres, on obtint à 600° un rendement ammoniac de 5,8 p. 100. En abaissant la température à 580° et avec une vitesse horaire de 3 litres, le rendement s'élève à plus de 7 p. 100. Une autre série d'expériences donna des nombres bien supérieurs : ainsi, avec une pression de 125 atmosphères et à 500° pour une vitesse horaire de 2 litres, le pourcentage en ammoniac s'éleva jusqu'à 11,9 p. 100.

Le ruthénium et l'osmium, utilisés en dernier lieu, donnèrent des résultats très différents. Alors que le ruthénium se montra un mauvais catalyseur, l'osmium donna de très bons résultats, puisque l'on obtint 7 et 9 p. 100 d'ammoniac dans différentes expériences faites au voisinage de 500° avec une vitesse horaire de 3 litres. Une expérience qui dura quatre heures permit à Haber de recueillir 336 grammes de gaz ammoniac.

Tous ces faits, d'accord avec la théorie, montraient nettement ce qu'il y avait à faire pour résoudre le problème industriel. Mais Haber, réduit à ses propres forces, n'aurait pu certainement vaincre les difficultés s'il ne s'était adressé à la Badische Anilin und Soda Fabrik ; et comme nous l'avons déjà dit, c'est grâce aux ressources de toute nature de cette puissante Société que le problème industriel a pu être résolu. Le nombre des catalyseurs étudiés fut considérablement augmenté, l'influence des « activeurs » de la puissance du catalyseur ou des « poisons » de cette substance fut l'objet de nombreuses recherches dont beaucoup ne sont pas connues, mais ont conduit la Badische au point merveilleux où nous la trouvons aujourd'hui, c'est-à-dire en possession d'un procédé synthétique de première importance [1].

Nous en aurons fini avec ce que nous pouvons dire de ce procédé lorsque nous aurons indiqué comment les gaz hydrogène et azote étaient obtenus et quelles précautions toutes particulières on prenait pour les purifier. L'hydrogène est extrait du gaz à l'eau ; on fait liquéfier le mélange hydrogène et oxyde de carbone, et grâce à la différence des points d'ébullition de ces corps, la séparation peut être telle que l'hydrogène ne contient que 0,6 à 0,8 p. 100 d'impuretés. L'hydrogène ainsi préparé revient (non compris l'intérêt et l'amortissement) entre 12,5 et 14 centimes le mètre cube. Le procédé au fer et à l'acide sulfurique donne de l'hydrogène à 75 centimes le mètre cube, et cet hydrogène entraîne avec lui du soufre qui empoisonne les catalyseurs. Quant à l'azote, on l'extrait de l'air par liquéfaction (procédé G. Claude ou Linde); son prix ne dépasse pas 2 centimes à 2 centimes 5 en tenant compte de l'intérêt du capital et de l'amortissement.

PROCÉDÉ A LA CYANAMIDE. — C'est en 1895 que Frank et Caro, poursuivant leurs études sur la fabrication des cyanures, constatèrent que le carbure de calcium exposé à un courant d'azote à température élevée absorbait ce gaz et donnait naissance à un produit dénommé tout d'abord *chaux azotée* et ensuite cyanamide, ou mieux cyanamide de calcium. La réaction pouvait être ainsi formulée :

$$C^2Ca + N^2 = CN^2Ca + C.$$

Remarquons en passant que ce nouveau produit diffère de la *cyanamide vraie*, l'amide de l'acide cyanique qui est obtenue dans les laboratoires en enlevant à l'urée une molécule d'eau par l'intermédiaire du chlorure de thionyle :

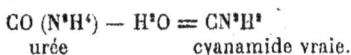

$$CO (N^2H^4) — H^2O = CN^2H^2$$
urée   cyanamide vraie.

[1] Des nombres connus il semblerait résulter que l'énergie dépensée dans le pro-

Cette cyanamide vraie diffère, comme vous le voyez, de la cynamide de calcium par ce fait que ses deux atomes d'hydrogène sont remplacés par un atome de calcium.

Toutefois, ces deux corps, convenablement traités, jouissent tous les deux de la propriété de donner naissance à de l'ammoniaque. La cyanamide vraie, par une réaction inverse de celle qui a permis de la préparer, redonne l'urée qui, sous l'action de ferments spéciaux, se transforme en carbonate d'ammonium. Quant à la cyanamide de Caro, si on la traite sous pression par de la vapeur d'eau surchauffée, elle fournit de l'ammoniaque et du carbonate de calcium, comme le montre l'équation suivante :

$$CN^2Ca + H^2O = 2NH^3 + CO^3Ca.$$

Lorsque Frank et Caro eurent obtenu ce composé et observé sa transformation en ammoniaque, ils se demandèrent si la cyanamide ne pourrait être considérée, au point de vue agricole, comme un succédané du sulfate d'ammoniaque. Ils firent des recherches à ce point de vue, en suscitèrent d'autres permettant de se faire une idée précise de la valeur de ce corps comme engrais.

Les travaux publiés semblent montrer que, dans bien des cas, la cyanamide peut être substituée au sulfate d'ammoniaque. Je ne puis évidemment entrer dans le détail des expériences faites, il me suffira de citer les opinions suivantes.

D'après Gerlach, professeur à Posen, la cyanamide est légèrement inférieure au sulfate d'ammonium. Si l'on donne au nitrate du Chili le nombre 100 comme représentatif de sa valeur comme engrais, le nitrate de chaux sera représenté par 99, le sulfate d'ammoniaque par 89 et la cyanamide ne mériterait que 76.

En revanche, MM. Muntz et Nottin, dans une communication faite en 1908 à l'Académie des Sciences, donnent les conclusions suivantes : de tous les essais faits en France, la cyanamide donne pour toutes les cultures très sensiblement les mêmes accroissements de rendement que le sulfate d'ammonium. Dans les sols pauvres en chaux, la cyanamide est préférable à ce dernier engrais. A la dose de 100 à 200 kilogrammes par hectare, elle ne présente aucun danger pour la végéta-

cédé Haber pour fixer 1 kilogramme d'azote sous forme ammoniacale serait de 2 kilowatts-heure ou 2,7 HP.

tion. Sa nitrification dans le sol étant plus lente que celle du sulfate d'ammonium, on a intérêt à la répandre quinze jours avant les semailles.

Tous ces faits appelèrent l'attention des industriels sur la cyanamide de Frank et Caro, et bientôt des usines se montaient un peu partout. L'apparition de ce nouveau produit coïncidait, il est vrai, avec un incident intéressant au point de vue économique. C'était le moment où les brevets Bullier pour la fabrication du carbure de calcium allaient tomber dans le domaine public. Les nombreuses usines donnaient une production de carbure de calcium bien supérieure à la consommation (¹). Il fallait donc ou fermer l'usine ou la tranformer. C'est à cette dernière solution que l'on se décida dans bien des cas en ajoutant à la fabrication du carbure de calcium la production de la cyanamide. La transformation n'était pas difficile à imaginer et à réaliser, puisque les matières premières étaient à la disposition des industriels, l'usine à carbure d'un côté et l'air atmosphérique de l'autre. Les premières installations préparaient l'azote en faisant passer un courant d'air sur du cuivre chauffé qui, retenant l'oxygène, laissait dégager l'azote. Actuellement, dans les usines de quelque importance, on prépare l'azote par la liquéfaction de l'air, comme nous l'avons indiqué en examinant le procédé Haber. L'oxygène est inutilisé, mais on a proposé de s'en servir en créant à côté une usine de nitrates, ce qui permettrait d'obtenir à la fois de l'ammoniaque et de l'acide azotique. Je ne crois pas cependant, à ma connaissance du moins, qu'un tel projet ait été réalisé.

Les premières usines donnant de la cyanamide d'une façon régulière datent de 1909. En 1911, la production était déjà de 140.000 tonnes; elle atteignait 152.000 tonnes en 1912 et 266.000 tonnes en 1913. L'Allemagne, qui ne produisait à ce moment-là que 60.000 tonnes, aurait à l'heure actuelle dépassé le chiffre de 400.000 tonnes. Si vous rapprochez de ce nombre celui que je vous ai donné pour le procédé Haber, vous verrez sans peine quel effort formidable a été fait par nos ennemis dans cet ordre d'idées. En France, avant la guerre, notre production était très faible. Nous avions une seule usine à Notre-Dame-de-Briançon; elle avait donné 5.000 tonnes de cyanamide en

---

(¹) En France, en 1909, les usines pouvaient fournir 50.000 tonnes de carbure de calcium, et la consommation n'avait été que de 26.000 tonnes. A la même date, la consommation mondiale n'atteignait que 192.000 tonnes pour une production totale de 300.000 tonnes.

1911 et 7.500 tonnes en 1913. Depuis, des usines ont été créées, d'autres vont être mises en marche, et il est vraisemblable que lorsque la guerre prendra fin, nous aurons un certain nombre d'usines à cyanamide dont bénéficiera tout d'abord notre agriculture.

L'intérêt de ce procédé provient enfin de ce qu'il ne demande pas de forces motrices considérables. La réaction étant exothermique, il suffit de l'amorcer d'une façon quelconque pour que le dégagement de chaleur accompagnant la fixation de l'azote lui permette de continuer sans dépense d'énergie nouvelle. L'usine de Notre-Dame-de-Briançon, installée par la Société Française des Produits Azotés à côté de l'usine de la Société des Carbures Métalliques, disposait simplement d'une énergie de 13.000 chevaux. D'après Frank, la fixation de 1 kilogramme d'azote ne demanderait pas plus de 20 kilowatts-heure ou environ 27 chevaux-heure (d'après d'autres auteurs, il faudrait 24 kilowatts-heure ou 33 HP-heure). Le prix du kilogramme d'azote fixé varierait ainsi, suivant les usines, de 0 fr. 80 à 1 fr. 05, prix nettement inférieur à celui de l'azote des nitrates [1].

PROCÉDÉ DES NITRURES. — Le dernier procédé dont je veux ici vous entretenir, et qui d'ailleurs ne nous retiendra pas trop longtemps, est le procédé des nitrures.

On sait depuis longtemps déjà que l'azote se combine à haute température à un certain nombre de métalloïdes ou de métaux avec lesquels il donne des azotures ou nitrures avec un grand dégagement de chaleur. Tels sont les nitrures de titane, de silicium, de bore, d'aluminium... La Badische Anilin und Soda Fabrik a fait breveter (ou a acheté des brevets analogues) la fixation de l'azote au moyen des nitrures. Dans la pensée de la grande société allemande, ces nitrures devaient servir de matière première à la fabrication sur vaste échelle de sels ammoniacaux. C'étaient surtout les nitrures de titane et de silicium qui avaient été étudiés. Il est probable que les espérances de la Badische ont une fois au moins été déçues, puisque l'on ne parle plus de ces procédés.

[1] Peu de jours après cette conférence, le *Moniteur scientifique de Quesneville*, publiait un article de M. Frank-S. Washburn, paru d'abord dans *The Chemical News*, 1917, article ayant pour titre : « Supériorité du procédé à la cyanamido pour la fixation de l'azote et la formation des cyanures ». Nous ne pouvons maintenant suivre l'auteur dans sa discussion, nous nous contentons de le citer afin que les personnes que cela intéresse connaissent cette nouvelle étude et puissent la lire.

Il n'en est pas de même du procédé imaginé par le D' Serpek et qui a pour base le nitrure d'aluminium. Si, comme on l'a dit avec raison, le procédé Haber a été le triomphe de la chimie physique, de cette science nouvelle pour laquelle MM. Le Chatelier et Duhem en France ont combattu le bon combat, je ne crois pas que l'on puisse dire avec M. Matignon, le savant professeur du Collège de France, que le procédé Serpek est le triomphe de l'imprévu. Qu'il y ait de l'imprévu dans les réactions qui sont à la base du procédé, j'en conviens facilement, mais je ne crois pas que, jusqu'ici tout au moins, le procédé Serpek ait le droit de chanter victoire.•

Pour nous en convaincre, étudions donc rapidement les réactions fondamentales de ce procédé.

Si l'on chauffe à 1800° un mélange d'alumine et de charbon dans un courant d'azote, ce gaz s'unit à l'aluminium qui tend à prendre naissance pour former un nitrure d'aluminium stable, tandis que le carbone et l'oxygène se dégagent à l'état d'oxyde de carbone.

On peut écrire la réaction : ·

$$Al^2O^3 + 3C + N^2 = Al^2N^2 + 3CO - 187,6 \text{ c.}$$

Si l'on admet le nombre donné par M. Matignon pour la chaleur de formation du nitrure d'aluminium (+ 110,0 c.), on trouve facilement que la réaction précédente est très fortement endothermique (— 187,6 c.). M. Matignon interprète la possibilité d'une telle réaction en s'appuyant sur ce qu'il a appelé la *Loi de volatilité*. D'après cette loi, une réaction même très endothermique serait réalisable si elle fait apparaître en se produisant des corps gazeux stables à haute température. C'est évidemment ce qui caractérise la réaction précédente : le second membre de la réaction contient 3 molécules gazeuses contre une seule dans le premier, et l'oxyde de carbone est très stable même à 1800°. Cela explique aussi pourquoi la réaction, qui est lente à se produire aux basses températures, devient très rapide au voisinage de 1800°. Cette température élevée s'obtient d'ailleurs facilement par le chauffage électrique, étant donné surtout que l'oxyde de carbone qui se dégage permet en brûlant de récupérer une grande partie sinon la totalité de l'énergie dépensée pour produire la réaction fondamentale.

D'autre part, une étude complète de la réaction a permis de voir qu'on pouvait la catalyser, et abaisser la température en prenant du fer comme catalyseur. Comme dans la pratique on part de bauxite qui est toujours plus ou moins ferrugineuse, le charbon réduit l'oxyde de fer et donne le fer nécessaire à la catalyse sans que l'on ait besoin d'en ajouter.

Le nitrure d'aluminium une fois obtenu, nous allons pouvoir facilement en extraire l'aluminium à l'état d'alumine pure et l'azote à l'état d'ammoniaque, comme l'indique l'équation suivante :

$$Al^2N^2 + 3H^2O = Al^2O^3 + 2\,NH^3.$$

Dans la pratique on opère à l'ébullition, avec une lessive de soude titrant 20 à 21° B. L'ammoniaque se dégage et peut être transformée en sulfate d'ammoniaque. Les impuretés de la bauxite se précipitent et par simple décantation on a une solution d'aluminate de soude d'où l'on pourra extraire l'alumine pure, à l'aide de laquelle on obtiendra enfin l'aluminium. La solution de soude restante est prête pour une nouvelle opération.

D'après le D' Serpek, la transformation de la bauxite en alumine pure, par le procédé Bayer ordinaire, coûterait 125 fr. 25 par tonne d'alumine pure obtenue, alors qu'en passant par le nitrure la dépense atteindrait à peine 64 francs.

Si ces évaluations étaient rigoureusement exactes, il n'y aurait évidemment pas d'hésitation possible. Comme d'autre part l'industrie de l'aluminium a fait en ces dernières années des progrès considérables, le procédé Serpek donnant de l'aluminium dans de bonnes conditions lancerait sur le marché des quantités très importantes de sulfate d'ammoniaque. Si en effet nous admettions que les 65,000 tonnes d'aluminium obtenues en 1912 avaient été préparées par le procédé Serpek, on aurait eu par cette source 150,000 tonnes de sulfate d'ammoniaque. Or l'industrie de l'aluminium pourrait fournir trois fois plus de métal; ce serait donc de ce chef près de 500,000 tonnes de sulfate d'ammoniaque dont on pourrait disposer.

Nous allons voir, hélas ! que nous n'en sommes pas encore là.

La Société Française des Nitrures avait construit, avant la guerre, une usine d'essais à Saint-Jean-de-Maurienne et avait cherché à mettre au point le procédé Serpek. Elle a imaginé un four tournant, analogue à celui employé dans l'industrie des ciments, permettant le chauffage méthodique des matières réagissantes en récupérant la chaleur le mieux possible. L'usine d'essais agrandie devait être mise en marche

en 1914. J'ignore ce qui s'est produit depuis, mais des renseignements financiers publiés ces jours derniers semblent montrer que la
Société Française des Nitrures a eu des déboires avec ce nouveau procédé, et il se peut que, dans la pratique, la méthode du Dr Serpek, si
séduisante *a priori*, se soit heurtée à des difficultés que l'on ne pouvait prévoir. Il se peut aussi que le Dr Serpek ait été un peu trop
optimiste dans ses calculs. En effet, dans une étude très documentée
et très serrée, M. Bourgerel a trouvé que la tonne d'alumine pure
provenant de la bauxite par le procédé Serpek nécessitait une dépensé
non pas de 64 francs mais bien de 89 fr. 47. Il montre en outre que si
partant de là on transforme l'ammoniaque en acide nitrique par le
procédé Ostwald par exemple, le prix du kilogramme d'azote fixé
s'élève à 1 fr. 77, c'est-à-dire est nettement supérieur à celui de l'azote
du nitrate du Chili.

Il semble que l'on peut conclure de tout cela que ce procédé, si
intéressant qu'il soit, qui ne nécessite par kilogramme d'azote fixé
qu'une énergie de 12 kilowatts, n'est pas encore tout à fait au point
et n'a pas triomphé de toutes les difficultés.

Remarquons enfin en terminant ce rapide exposé que l'azoture d'aluminium ne paraît pas, vu sa grande fixité, pouvoir être employé
comme engrais à la façon de la cyanamide, malgré sa grande richesse
en azote (30-33 p. 100). Les premières recherches faites, celles du
professeur Stutzer, de Kœnigsberg, du professeur Fischer, de Bâle, ont
mis en évidence une action efficace de l'azoture, mais cette action ne
serait pas en rapport avec la quantité d'azote contenue dans le produit. Reconnaissons d'ailleurs que la Société des Nitrures a complètement négligé ce côté de la question, car elle cherchait avant tout
à produire de l'aluminium, avec l'ammoniaque comme sous-produit
de sa fabrication.

TRANSFORMATION DE L'AMMONIAQUE EN ACIDE NITRIQUE. — Les procédés que nous avons examinés aujourd'hui nous ont donné du gaz
ammoniac. Dans bien des cas, on se contente de le transformer en
sulfate d'ammoniaque et de le vendre sous cette forme ; mais il se peut
aussi que l'on ait intérêt à le transformer en acide nitrique, et c'est
ce que font actuellement les Allemands pour obtenir leurs explosifs.
Le procédé utilisé pour effectuer cette transformation est dû au professeur allemand Ostwald, l'un des signataires du trop fameux Mani-

feste des 93. Chose curieuse, ce procédé qui a été breveté en France et en Angleterre, n'a pu l'être en Allemagne, où l'on a estimé que la réaction n'était pas brevetable, étant tombée en quelque sorte dans le domaine public. Depuis longtemps, en effet, les chimies les plus élémentaires enseignent que si l'on fait passer sur de la mousse de platine légèrement chauffée un courant de gaz ammoniac et d'oxygène, on obtient de l'acide nitrique.

La réaction est formulée de la manière suivante :

$$NH^3 + 2O^2 = NO^3H + H^2O.$$

C'est Kuhlmann, à la fois professeur et industriel à Lille, qui, en 1839, signala le premier cette réaction et la formula comme nous venons de le faire. Il semble toutefois qu'elle soit réellement plus complexe et Ostwald estime qu'il faut une quantité d'oxygène telle que l'on puisse écrire :

$$2NH^3 + 7O = 2NO^2 + 3H^2O.$$

Pratiquement, on fait passer sur un catalyseur, qui presque toujours est du platine ou un alliage (platine-palladium, — platine-iridium), avec une vitesse convenable, un mélange d'air et de gaz ammoniac (10 vol. de NH^3 pour 1 vol. d'air). Le mélange gazeux arrivant sur le catalyseur a déjà été échauffé par les gaz qui ont réagi ; et comme la réaction est nettement exothermique, elle continuera d'elle-même grâce à la chaleur dégagée.

D'après Ostwald, la température optima serait voisine de 300° et le rendement varierait de 85 à 90 p. 100. La durée du contact des gaz avec le catalyseur ne devrait pas dépasser 1/500 de seconde.

D'autres indications ont été fournies : ainsi Kaiser prétend que l'on a tout intérêt à diminuer la durée du contact. Un catalyseur dont l'épaisseur totale ne dépasserait pas $0^{mm}6$ donnerait un rendement presque théorique avec un courant gazeux ayant une vitesse de 1 mètre par seconde, ce qui correspondrait à une durée de contact de 0,0006 seconde. La température devrait être comprise entre 320 et 340 degrés centigrades.

Une remarque importante à faire est la suivante : comme dans tous les phénomènes de catalyse, il faut éviter d'empoisonner le catalyseur et pour cela il faut opérer avec des gaz aussi purs que possible. Aussi le gaz ammoniac obtenu par le procédé Haber donne-t-il de bien meilleurs résultats que celui fourni par la cyanamide.

On estime en général que 30 éléments de 50 gr. de platine peuvent produire journellement 200 kilogrammes d'acide nitrique à 53 p. 100. La dépense pour obtenir ce résultat est extrêmement faible (théoriquement elle est nulle).

Tel est, Messieurs, dans ses grandes lignes, le problème capital de la fixation de l'azote de l'air soit sous forme nitrique, soit sous forme ammoniacale. Quelle que soit la méthode qui sera finalement adoptée par l'industrie, nous pouvons sans crainte de mourir de faim, comme nous en menaçait Crookes, voir venir l'épuisement des dépôts de nitrate du Chili. Nos savants et nos ingénieurs nous ont donné le moyen de retirer de l'air cet élément indispensable à la vie, l'azote, si mal nommé d'ailleurs. C'est à la collaboration du laboratoire et de l'usine que nous devons ce grand progrès et c'est elle qui permettra à notre industrie d'aller de l'avant pour le plus grand bien de notre pays. Aussi me permettrez-vous, en terminant, de vous rappeler ces paroles toujours vraies du grand physiologiste français Claude Bernard :

« C'est dans le laboratoire que germent toutes les découvertes pour se répandre ensuite et couvrir le monde de leurs applications utiles. La science pure a toujours été la source de toutes les richesses que l'homme acquiert, et de toutes les conquêtes qu'il a faites sur les phénomènes naturels. »

Bibliographie du Problème de l'Azote.

BERNTHSEN. — *Sur la fabrication de l'acide azotique et des azotates au moyen de l'azote atmosphérique par le procédé Schönherr de la Badische Anilin und Soda Fabrik de Ludwigshafen-am-Rhein.* (VII° Congrès de Chimie appliquée, Londres, 1909.)

— *La préparation industrielle de l'ammoniaque synthétique (Moniteur scientifique Quesneville,* série 5, t. IV, p. 150, 1914. — *Zeitschrift für angewandte Chemie,* 3 janvier 1910, p. 10.)

BIRKELAND. — *La fixation par oxydation de l'azote de l'air dans l'arc électrique. (Revue scientifique,* 21-28 juillet 1906, t. II, p. 65-104.)

BOURGEREL. — *Azoture d'aluminium, alumine, acide nitrique. (Moniteur scientifique Quesneville,* série 5, tome I, p. 560, 1911.)

BRADLEY et LOVEJOY. — *Electrical world and Engineer,* 2 août 1902. Brevet américain 709687.

BRANDT. — *La préparation industrielle de l'azote nitrique par fixation de l'azote atmosphérique. (Revue générale de chimie pure et appliquée,* tome VI, p. 517, 1903.)

BROCHET. — *La fixation de l'azote atmosphérique. (Revue générale des sciences,* tome XXII, pp. 865-908, 1911.)

BÜHLER (F.-A.). — *La fabrique de nitrate d'ammoniaque de Notodden.* (*Chemische industrie;* p. 210, 1911. — *Moniteur scientifique Quesneville,* série 5, tome I, p. 396, 1911.)

CROOKES (Sir William). — *Sur la production des nitrates au moyen de l'électricité.* (Association britannique pour l'avancement des sciences, 1898. — *L'Éclairage électrique,* 8 octobre 1898.)

DIAZ-OSSA. — *L'industrie du nitrate de soude au Chili. (Revue générale des sciences,* tome XXIII, p. 389, 1912.)

EYDE (S.). — *Oxydation de l'azote atmosphérique et développement des industries résultantes en Norvège.* (Conférence au VIII° Congrès de chimie appliquée, Washington, t. XXVIII.)

FRANK. — *Sur l'utilisation directe de l'azote de l'atmosphère pour la production des engrais et produits chimiques.* (Congrès de chimie appliquée, Rome, 1906.)

— *L'industrie chimique et l'agriculture.* (*Moniteur scientifique Quesneville*, série 5, tome I, p. 228, 1911.)

GRADENWITZ (A.). — *Dispositifs industriels pour la fixation de l'azote.* (*Revue générale des sciences*, tome XVIII, p 220, 1907.)

— *Sur la synthèse de l'anhydride nitreux.* (*Revue générale des sciences*, tome XVIII, p. 908, 1907.)

— *La synthèse industrielle de l'ammoniaque.* (*Revue générale des sciences*, tome XXI, p. 539, 1910.)

GRANDEAU. — *La production électrique de l'acide nitrique avec les éléments de l'air : le nitrate de chaux et l'agriculture ; le jour électrique de Birkeland-Eyde ; la fabrique de nitrate de chaux de Notodden.* (Berger-Levrault, Paris, 1906.)

GUYE (P.-A.). — *La fixation de l'azote et l'électrochimie.* (*Revue générale des sciences*, tome XVII, p. 28, 1906.)

— *Le problème électrochimique de la fixation de l'azote.* (*Moniteur scientifique Quesneville*, série 4, tome XXI, p. 225, 1907.)

— *Un nouveau procédé de fixation de l'azote atmosphérique.* (*Ibid.*, tome XVII, p. 112, 1906.)

— *La fixation industrielle de l'azote* (Conférence). (*Bulletin Société chimique de Paris*, n° 20-21, 1909.)

HABER. — *L'électrochimie aux États-Unis.* (*Zeitschrift für Elektrochemie*, tome IX, p. 382, 1903.)

— *Ueber die Darstellung des Ammoniaks auf Stickstoff und Wasserstoff.* (*Zeitschrift für Elecktrochemie*, tome XVI, p. 244, 1910.)

HABER et LE ROSSIGNOL. — *Bestimmung des Ammoniakgleichgewichten unter Drück.* (*Zeitschrift für Elektrochemie*, tome XIV, p. 181, 1908.)

— *La préparation industrielle de l'ammoniaque à partir de ses éléments.* (*Moniteur scientifique Quesneville*, série 5, tome IV, p. 157, 1914. — *Zeitschrift für Elektrochemie*, 15 janvier 1913, tome XIX, p. 53.)

KILBURN-SCOTT. — *La production des nitrates à partir de l'air atmosphérique.* (*Journal of the Royal Society of Arts*, t. LX, 1912. — *Moniteur scientifique Quesneville*, série 5, tome III, p. 106, 1913.)

Kilburn-Scott. — *Un nouveau four électrique.* (*Moniteur scientifique Quesneville*, série 5, tome VI, p. 133, 1916.)

— *La fabrication du nitrate d'ammoniaque par l'établissement de stations de force électrique auprès des fours à coke.* (*Moniteur scientifique Quesneville*, série 5, tome VIII, p. 77, 1918.)

Kowalski (de). — *Sur la production de l'acide nitrique par les décharges électriques.* (*Bulletin de la Société internationale des électriciens*, juin 1903.)

Kowalski et Moscicki. — Congrès de l'Association française pour l'avancement des sciences, Angers, août 1903.

Le Chatelier (H.). — *La synthèse de l'ammoniaque.* (Comptes rendus Académie des sciences, t. CLXIV, p. 588, 16 avril 1917.)

Marchand. — *La fabrication industrielle de la cyanamide de calcium.* (*Revue générale des sciences*, p. 182, 1908.)

Matignon (C). — *La synthèse industrielle de l'acide nitrique et de l'ammoniaque.* (*Revue générale de chimie pure et appliquée*, tome XVI, p. 357-381, 1913.)

— *La synthèse de l'ammoniaque à partir de l'azoture d'aluminium.* (*La Technique moderne*, tome VII, p. 297, 1913.)

— *La fixation de l'azote.* (*Bulletin de la Société d'encouragement à l'industrie*, t. CXIX, p. 805, 1913.)

— *L'effort allemand dans le domaine des matières azotées.* (*Revue générale des sciences*, tome XXVIII, p. 6 et 50, 1917.)

— *La fixation de l'azote de l'air sous forme de cyanures.* (*Revue générale des sciences*, tome XXVIII, p. 324, 1917.)

Muntz et Lainé. — *Recherches sur la nitrification intensive et l'établissement des nitrières à hauts rendements.* (*Annales de physique et de chimie*, série 8, tome XI, p. 439. — *Moniteur scientifique Quesneville*, série 4, tome XXII, pp. 228, 308, 435, 1908.)

Muthmann et Hofer. — *Étude sur la formation des combinaisons oxygénées de l'azote dans la flamme électrique.* (*Berichte der Deutschen Chemische Gesellschaft*, tome XXXVI, p. 438-453, 1903.)

Nernst. — *Gleichgewicht und Reaktionsgeschwindigkeit beim Stickoxyd.* (*Zeitschrift für Elektrochemie*, tome XII, p. 527, 1906.)

— *Ueber das Ammoniakgleichgewicht.* (*Zeitschrift für Elektrochemie*, tome XIII, p. 521, 1907.)

Ramsay (Sir William). — *La fixation de l'azote de l'air.* (*L'Électricien*, 9 juin 1906.)

RAYLEIGH (LORD). — *Observations on the oxydation of nitrogen gas.* (*Journal of Chemical Society*, tome LXXI, p. 181, 1897.)

SCHÖNHERR. — *Sur la fabrication de l'acide azotique et des azotates.* (*Génie civil*, tome LV, p. 236, 1909. — *Zeitschrift für angewandte Chemie*, 31 juillet 1908. — *Elektrotechnische Zeitschrift*, 22-29 avril 1909.)

WASHBURN (Frank-S.). — *Supériorité du procédé à la cyanamide pour la fixation de l'azote et la formation des cyanures.* (*Moniteur scientifique Quesneville*, série 5, tome VIII, p. 84, 1918. — *The Chemical News*, tome CXII, 1917.)

TABLE DES MATIÈRES

Bordeaux. — Imprimeries GOUNOUILHOU, rue Guiraude, 9-11.

www.ingramcontent.com/pod-product-compliance
Lightning Source LLC
Chambersburg PA
CBHW050609210326
41521CB00008B/1172